U0041900

改變世界的
九大演算法

Nine
Algorithms
That
Changed
the
Future | The Ingenious Ideas That
Drive Today's Computers

暢銷
經典版

讓今日電腦
無所不能的最強概念

John
MacCormick

著——約翰·麥考米克

譯——陳正芬

經營管理 117

改變世界的九大演算法
讓今日電腦無所不能的最強概念（暢銷經典版）

作　　　者	約翰‧麥考米克（John MacCormick）
譯　　　者	陳正芬
責 任 編 輯	林博華
行 銷 業 務	劉順眾、顏宏紋、李君宜

總 編 輯	林博華
發 行 人	凃玉雲
出　　　版	經濟新潮社
	104台北市民生東路二段141號5樓
	電話：(02) 2500-7696　傳真：(02) 2500-1955
	經濟新潮社部落格：http://ecocite.pixnet.net
發　　　行	英屬蓋曼群島商家庭傳媒股份有限公司城邦分公司
	台北市中山區民生東路二段141號11樓
	客服服務專線：02-25007718；25007719
	24小時傳真專線：02-25001990；25001991
	服務時間：週一至週五上午09:30-12:00；下午13:30-17:00
	劃撥帳號：19863813；戶名：書虫股份有限公司
	讀者服務信箱：service@readingclub.com.tw
香港發行所	城邦（香港）出版集團有限公司
	香港灣仔駱克道193號東超商業中心1樓
	電話：852-25086231　傳真：852-25789337
	E-mail: hkcite@biznetvigator.com
馬新發行所	城邦（馬新）出版集團 Cite (M) Sdn Bhd
	41, Jalan Radin Anum, Bandar Baru Sri Petaling,
	57000 Kuala Lumpur, Malaysia
	電話：603-90578822　傳真：603-90576622
	E-mail: cite@cite.com.my
印　　　刷	一展彩色製版有限公司
初 版 一 刷	2014年8月19日
二 版 一 刷	2021年10月7日

城邦讀書花園
www.cite.com.tw

ISBN：978-626-95077-0-2

版權所有‧翻印必究

定價：380元

Printed in Taiwan

〈出版緣起〉
我們在商業性、全球化的世界中生活

經濟新潮社編輯部

跨入二十一世紀，放眼這個世界，不能不感到這是「全球化」及「商業力量無遠弗屆」的時代。隨著資訊科技的進步、網路的普及，我們可以輕鬆地和認識或不認識的朋友交流；同時，企業巨人在我們日常生活中所扮演的角色，也是日益重要，甚至不可或缺。

在這樣的背景下，我們可以說，無論是企業或個人，都面臨了巨大的挑戰與無限的機會。

本著「以人為本位，在商業性、全球化的世界中生活」為宗旨，我們成立了「經濟新潮社」，以探索未來的經營管理、經濟趨勢、投資理財為目標，使讀者能更快掌握時代的脈動，抓住最新的趨勢，並在全球化的世界裏，過更人性的生活。

之所以選擇「經營管理—經濟趨勢—投資理財」為主要目標，其實包含了我們的關注：「經營管理」是企業體（或非營利組織）的成長與永續之道；「投資理財」是個人的安身之

道；而「經濟趨勢」則是會影響這兩者的變數。綜合來看，可以涵蓋我們所關注的「個人生活」和「組織生活」這兩個面向。

這也可以說明我們命名為「經濟新潮」的緣由——因為經濟狀況變化萬千，最終還是群眾心理的反映，離不開「人」的因素；這也是我們「以人為本位」的初衷。

手機廣告裏有一句名言：「科技始終來自人性。」我們倒期待「商業始終來自人性」，並努力在往後的編輯與出版的過程中實踐。

推薦序

當演算法改變世界，
認識演算法就是義務

鄭國威

看完本書書稿，回頭繼續盯著電腦工作的我，有點感動，彷彿跟網路世界交上了心。

科普書的市場準則：出現的算式越多，賣得越差。曾經聽一位出版社編輯說，即使是在書名上出現「$E=mc^2$」，都會讓他們猶豫再三，深怕影響銷量，這也難怪針對電腦科學或演算法的科普書那麼的少。即便我們的世界已經被電腦科學所顛覆，絕大多數的人，包括我在內，都只是傻傻地看著奇蹟變成慣習。

《改變世界的九大演算法》是本我願意大力讚許跟推薦的好書，不僅因為這本書勇於碰觸科普書出版的禁忌，而是因為本書作者，美國迪金森學院數學暨電腦科學系教授約翰·麥考米克（John MacCormick）俐落的文筆跟清晰的鋪陳，足以抹消非專業人士對演算法的恐懼。

搜尋引擎到底是如何在百億個網頁之中，於零點幾秒之內找到我們想要的那個連結？讓數十億人感到滿意的網頁排序是如何實現的？如何在網路上傳輸隱私資訊，而不被中間無數節點看得一清二楚？如何驗證收到的資料是正確，無篡改的版本？人工智慧的基本原理是什麼？……如同作者所說，看完本書並不會讓你我可以即刻動手寫程式，變成演算法大師，但了解其運作原理，足以讓人感到任督二脈暢通，擁有了練內力的根基。

作者善於用簡單的小案例開始，一層層地將演算法的精神跟實際應用堆疊而上，讓我們從邏輯上去了解演算法的設計因由，至於繁複的計算過程在本書其實並非主角，除了幾個掰掰手指就能算出的範例外，作者並未給讀者太多負擔，因為在真實情況下，要展現演算法的能耐，也只能交由電腦去算。只要邏輯通了，演算法的設計美感就自然浮現，而這就是作者每一章節由淺入深，幾乎可說是循循善誘的寫作想要帶領我們進入的境界。

近來最熱門的科技產業關鍵詞「大數據」，讓產官學無不趨之若鶩，但大數據跟青少年的性經驗一樣：每個人都在談，每個人都宣稱自己做了，然而真正讓數據展現出價值的並非空談，而是演算法。從股市到戰爭，從自動交易到自動使用武力，背後都是演算法，而儘管實際做法不同，但看完本書，你都能更加理解演算法何以改變世界，也比較能理性地看待許多

吹得上天下地的大數據忽悠文。

　　從另一方面來看，演算法本身即是戰場。無數網路高手抱持著挑戰或是為惡的心態，試圖打穿演算法之牆（或是悄悄繞過），有趣的是，台灣正是核心戰場之一。「誰說台灣是個沒有天然資源的國家？台灣最大的天然資源就是病毒樣本」這句話來自於一位知名台灣駭客 Birdman。台灣面對的入侵跟資安事件多不勝數，在世界上僅次於美國，是病毒（惡意程式）樣本數量最多的地方，既然如此，那麼對我們來說，多去認識電腦科學與演算法，就更是一種義務了。

（本文作者為 PanSci 泛科學總編輯）

目　次

前言

　　電腦運算（computing）正在改變我們的社會，影響之深一如物理學和化學在過去兩百年為人類帶來的改變。數位科技幾乎全面影響你我的生活乃至於掀起革命，有鑑於電腦運算對現代社會的重要性，然而人們對造就這一切事物的基本概念所知卻如此有限，就顯得有些矛盾了。電腦科學的核心正是在研究這些概念，而這本約翰・麥考米克（John MacCormick）的新書，就是將這些概念傳達給一般讀者的少數書籍之一。

　　一般人對於電腦科學做為一門學科的體認相對欠缺，理由之一是在高中階段很少教導這些東西。物理和化學的入門課通常是必修，然而通常要到了大專、大學階段，才真正有電腦科學這門課。此外學校教的電腦運算或資訊與通信技術（Information and communication technology，簡稱ICT），通常只是使用套裝軟體的技術訓練，也難怪學生會覺得乏味。即使學生很自然地對於電腦技術應用在娛樂和通訊方面感到興趣，但卻因為印象中這些技術的創造缺乏學術的深度，使得他們的興趣沒有進一步發展。或許這就是過去十年來，美國研讀電腦科學的大學生人數減少了50%的原因。基於數位科技對現代社

會的關鍵重要性，現在正是讓人們對電腦科學的奧祕重燃起興趣的最佳時機。

　　2008年，我有幸被選中在第180屆英國皇家科學院聖誕講座（Royal Institution Christmas Lectures）上台報告，這個活動是由偉大科學家法拉第（Michael Faraday）於1826年所發起。2008年的演講首度以電腦科學為主題，我在準備時花了很多時間思索該如何向普羅大眾介紹電腦科學，結果發現資源很少，幾乎沒有科普書能滿足這樣的需要，也因此這本書特別令人期待。

　　作者將複雜的電腦科學觀念很完美地傳達給讀者大眾，其中一些觀念的美與優雅，本身就值得大眾的關注。舉個例子：過去幾十年來，在公開管道上進行安全通訊一直是個棘手問題，直到人們想出了如何在網路上安全地傳送機密資訊（例如信用卡卡號），才造就了電子商務爆炸性的成長。在本書中，作者以比喻的方式來說明這些優雅的解決方案的來龍去脈，讀者不須具備電腦科學知識就可以理解。諸如此類的優點，使本書成為不可多得的科普書籍，我極力推薦。

畢夏普（Chris Bishop）

微軟劍橋研究中心卓越科學家

英國皇家學院副院長

愛丁堡大學資訊科學教授

第 1 章

引言：

讓今日電腦威力無窮的神奇概念

此乃小技……在有氣勢、有情韻、有起承轉合。

——莎士比亞，《愛的徒勞》（*Love's Labour's Lost*）

偉大的電腦科學概念是如何誕生的？以下是一些片段：

- 1930年代，當人類尚未製造出第一台數位式電腦時，有一位英國天才奠立了電腦科學（computer science）這個領域，之後他證明了，有些問題是未來製造的任何電腦都無法解決的，無論電腦的速度多快、能力多強或設計多精巧。

- 1948年，一位在電話公司工作的科學家發表了一篇論文，確立了資訊理論（information theory）的領域。他的論文提出一個方法，能讓電腦在大多數資料因干擾而被破壞的情況下，仍然能夠精準無誤地傳送信息。

- 1956年，一群學術界人士出席在達特茅斯（Dartmouth）學院召開的大會，大會宗旨是要建立人工智慧（artificial intelligence）這個領域。在許許多多成功與失敗的經驗後，人們依然在等待真正具有智能的電腦誕生。

- 1969年，IBM的一位研究人員發現一種新方法，將資料庫中的資訊結構化。如今，線上交易的大部分資訊都利用這個技術來存取。

- 1974年，英國政府轄下的祕密通訊實驗室中，幾位研究人員發現了一種能讓電腦安全傳輸的方法，即使當另一台電腦可觀察到兩台電腦之間往來的所有資訊，也能夠安全傳送資訊。這些研究人員受到政府的保密約束，但

幸運的是，有三位美國教授分別發現了這項驚人發明並加以運用，成為網際網路所有安全傳輸的基礎。

- 1996年，兩位史丹佛大學的博士生決定合力打造網路的搜尋引擎，之後創立谷歌（Google），成為網路年代的第一個數位巨人。

二十一世紀的人類享受科技的驚人進步，像是目前威力最強的機器群組或最新最時尚的手持式裝置，然而人們在使用電子運算裝置的同時，也要仰賴二十世紀所發現的電腦科學基礎概念。不妨想一下，你今天有沒有做什麼讓你印象深刻的事？答案要看你從什麼觀點來看。你是否曾經在數十億份資料中搜尋，然後挑出兩三份最合乎你需求的資料？你是否儲存或傳輸了數百萬筆資訊，沒有一次發生錯誤，即使所有的電子器材都遭到電磁干擾？你是否成功地完成一筆線上交易，即使還有數千個人也同時把資料敲進同一台伺服器？你是否在電纜線上安全地傳輸機密資訊（如信用卡卡號），哪怕有幾十台電腦可能透過纜線窺伺你的一舉一動？你是否運用神奇的壓縮技術，把一張數MB大的照片壓縮成方便電郵傳送的大小？最後，你是否利用手持裝置那小小鍵盤上，針對你輸入的字詞進行自動偵錯的人工智慧而不自知？

這些了不起的功能仰賴以上所述的重要發現，大部分的電腦使用者每天多次運用這些巧妙的概念，卻往往渾然不覺。這

本書的目的，就是盡量把日常使用的偉大電腦概念解釋給最廣大的讀者，而不假設讀者具備任何電腦科學的知識。

演算法：天才就在彈指間

目前為止我談論的是電腦科學的偉大「概念」，其實電腦科學家把許多重要概念描述成一個個「演算法」（algorithm）。那麼，概念和演算法之間有什麼不同？演算法究竟是什麼？簡單來說，演算法好比一個「精確的食譜」，把解決問題的確切步驟解釋得一清二楚，最好的例子是我們小時候在學校學過的，把兩個很大的數相加的演算法，如圖 1-1。這個演算法包含一連串步驟：首先把兩個數的個位數相加，寫下結果的個位數，把結果的十位數放到它左邊那個欄位；第二步，將十位數的數字相加，再加上前一欄位的進位數字……就這麼加下去。

　　演算法的各步驟具有機械式的特質，每個步驟必須絕對精

圖 1-1

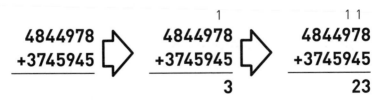

加法演算法的前兩個步驟。

確，不需要靠人類的直覺或猜測，這也是演算法的關鍵特點，如此一來每個純機械式的步驟就可以被編寫成程式之後輸入電腦。演算法的另一個重要特點，就是無論輸入什麼都能給出正確答案。加法演算法就具備這項特質，換言之無論你想把哪兩個數相加，演算法都會產生正確的答案。舉例來說，儘管很花時間，但你一定可以利用這個演算法，把兩個一千位數的數相加。

演算法是精確的機械式食譜，或許這個定義會讓你好奇，究竟食譜要多精確？哪些基礎運算是被允許的？就以相加的演算法為例，可不可以光是說「把兩個數加起來」，還是必須明確列出一整組單一數字相加的表格？像這類細節或許無傷大雅甚至有點做作，但這些問題其實正是電腦科學的核心問題，而且與哲學、物理學、神經科學和基因遺傳學相關。演算法究竟是什麼，這個深奧的問題終歸所謂「丘池—圖靈論點」（Church-Turing thesis），第十章將再回到這個議題，探討電算理論的限制，和丘池—圖靈論點的幾個面向。目前先把演算法視為「非常精確的食譜」就行了。

演算法跟電腦的關聯，在於電腦程式需要以非常精準的指令來編寫，若想要電腦解決某個特定問題，就需要為那個問題開發演算法。在科學的領域，例如數學和物理學，重要的結果往往是用一些公式來表達，例如畢氏定理 $a^2+b^2=c^2$ 或愛因斯坦的 $E=mc^2$。相形之下，電腦科學的偉大概念通常是在描述如何

解決某個問題——當然，就是用演算法。因此這本書的目的，就是要說明是什麼東西讓你的電腦變得那麼聰明——也就是你的電腦天天在使用的一些偉大演算法。

偉大演算法的條件是什麼？

接著要問一個弔詭的問題：哪些演算法才算得上是真正偉大？許多演算法都很偉大，但本書用幾個基本標準來進一步篩選。首先也是最重要的取決標準，就是每天被一般電腦使用者使用的演算法；第二個重要標準，就是演算法必須試圖解決真實世界的具體問題，例如壓縮某個檔案，或透過繁忙的網路連線精確無誤地傳輸檔案。如果你懂一點電腦科學，圖 1-2 說明了前兩個標準下的某些結果。

　　第三個標準，是要跟電腦科學理論相關的演算法，因此凡是以 CPU、螢幕和網路等電腦硬體為主的演算法就不在挑選之列。此外這項標準也不強調網際網路之類基礎設施的設計。我選擇聚焦在電腦科學理論，是因為我撰寫本書的部分動機在於一般人對電腦科學的認知失衡，人們普遍認為電腦科學是跟寫程式（亦即軟體）和機器設計（即硬體）有關，事實上，電腦科學中的一些最美的概念是完全抽象的，並不屬於上述類別。我希望藉由強調這些理論性的概念，讓更多人開始了解電腦科學在本質上是一門學術領域。

圖 1-2

第一個取決標準是每天被一般電腦使用者所使用，因此諸如「編譯器」（compiler）和「程式認證」（program verification）等主要被 IT 專業人士使用的演算法，就不在此列。第二個取決標準是具體應用到特定的問題上，這個標準則把大學的電腦科學課程中最重要的一些演算法排除在外，包括快速排序法（quicksort）等排序演算法、Dijkstra 的最短路徑演算法等圖形演算法，以及雜湊表（hash table）等資料結構。這些無疑都是了不起的演算法而且相當符合第一項標準，一般大眾使用的許多應用程式都要用到它們；然而，這些演算法是可被應用到各種問題上的通用演算法，而本書聚焦在某些特定問題的演算法上，因為這些演算法所要解決的問題，對一般電腦使用者來說比較明確。

關於本書如何挑選演算法的額外說明。讀者無須具備任何電腦知識，但如果你確實具備電腦背景，上面的解釋說明了為何你熟悉的一些演算法不在本書討論之列。

　　或許你已經注意到我列了幾項標準，把一些可能也很偉大的演算法排除在外，而且先不談「何謂偉大」這個更艱難的問題。因此，我是以自己的直覺來選擇。本書中所提到的演算法，其精髓都是利用一些很聰明的「技法」（trick）來解決問題。我希望能夠傳達給讀者當這種技法一出現時，令人恍然大悟的喜悅，也希望讀者也能感受到喜悅。我所謂的「技法」並

不是小孩子用來唬弄弟弟妹妹的賤招，而是類似一個行業的竅門或是魔術般的手法，也就是克服一個大難題所使用的高明技巧。

因此，我憑直覺挑選我認為在電腦科學領域中的絕佳技法，英國數學家哈帝（G.H. Hardy）在著作《一位職業數學家的辯白》（*A Mathematician's Apology*）中，試圖解釋數學家的所作所為時說了一句名言：「第一個考驗是美。這世界沒有醜陋數學的永久容身之處。」電腦科學的基礎理論概念也同樣要接受美的考驗，因此本書關於演算法的最後一個取決標準，就是哈帝的美的考驗：我希望能藉由這本書，把我個人認為每個演算法當中的美，盡量傳達給讀者。

接著來看我選出來的演算法。搜尋引擎的無遠弗屆的影響力，證明了演算法技術可以影響所有電腦使用者，因此我納入一些與網路搜尋相關的核心演算法。第二章敘述搜尋引擎如何利用標註索引的方式找到符合查詢條件的文件，第三章解釋何謂網頁排序（PageRank），這是谷歌為了確保最相關的文件被列在搜尋結果的最頂端，所使用演算法的原始版本。

大部分的人多少會注意到，搜尋引擎是利用一些深入的電腦科學觀念來提供有用的答案。但是，有些偉大的演算法卻往往在電腦使用者渾然不覺之際被啟動，如第四章的公鑰加密。每當你進入一個安全的網站（網址是以https開頭，而不是http），就是在使用所謂密碼交換（key exchange）的公鑰加密

來保護傳輸的資料，第四章將解釋這種密碼交換的機制。

第五章的錯誤更正碼，也是我們一直在使用卻沒有察覺的演算法，事實上錯誤更正碼可說是至今人們最頻繁使用的偉大概念，電腦無須借助備份或重新傳輸，就能查知並更正被儲存或傳輸資料的錯誤。錯誤更正碼無所不在，包括所有硬碟機、許多網路傳輸、CD和DVD，甚至在某些電腦的記憶體裏——只是錯誤更正碼運作得太完美，以至於我們根本沒有意識到它的存在。

第六章探討模式辨識的演算法，可說是被我夾帶進入電腦科學偉大概念的清單中，因為它並非電腦使用大眾每天使用，因此不符第一項標準。電腦透過此種技術來辨識手寫、口說和人臉等具高度變異性的資訊。事實上，在21世紀的第一個10年間，日常電算功能大多沒有使用這項技術，但在我撰寫本書的2011年，模式辨識的重要性驟增，行動裝置螢幕上的小型鍵盤需要自動更正、平板裝置必須辨識手寫輸入，且愈來愈多這類裝置（特別是智慧型手機）採用聲控，有些網站甚至用模式辨識來判斷該把什麼類型的廣告呈現給使用者。我個人偏愛模式辨識，因為那是我的專業研究領域，因此第六章將說明最近鄰居分類法（nearest-neighbor classifier）、決策樹（decision tree）和神經網路（neural networks）等三種最有趣且最成功的模式辨識技術。

第七章的壓縮演算法來自另一組偉大的發想，讓電腦變得

更聰明有用。電腦使用者有時為了節省硬碟空間或縮小照片所佔的記憶容量以便透過電郵傳送而直接應用壓縮,其實壓縮功能在私底下更常被使用,我們沒有注意到上傳和下載的資料可能經過壓縮以節省頻寬,資料中心往往壓縮顧客資料以節省成本,至於電郵提供者容許你使用的5GB空間,實際占用的儲存空間說不定遠小於5GB!

第八章是資料庫的一些基本演算法,主要是探討如何達到一致性(consistency)——資料庫中資料之間的關係絕不會彼此矛盾。少了這些精妙的技術,你我的網路生活(包括網路購物、在臉書之類社交網站上的互動)將毀在電腦層出不窮的錯誤中。這一章將解釋「一致性」的問題,電腦科學家如何解決它,而不犧牲網路系統帶來的無比效率。

第九章來到電腦科學理論公認的閃亮巨星——數位簽章。乍看之下,用數位方式在電子文件上「簽章」似乎不可能,你當然會想,所有這類的簽章一定包含了數位資訊,因此凡是想偽造簽章的人都可以輕易拷貝。解決這種兩難局面正是電腦科學最了不起的成就之一。

第十章的口味大不相同,不介紹已經存在的偉大演算法,而是看看如果存在的話會很了不起的演算法。我們將會發現,這麼了不起的演算法竟然不可能存在,這也證實電腦解決問題的能力受到某些絕對的限制,我們也將簡短探討這在哲學和生物學上的含義。

最後在結論中，我們從各個偉大的演算法歸納出共同理路，花點時間推測：未來還會有更多偉大的演算法被發明出來嗎？

在此提一下本書的撰寫風格。科學類書籍有必要明確說明資料出處，然而引述的內容會打斷內文的一氣呵成且染上學術氣息，由於可讀和易讀性是本書第一優先考量，因此內文的主體將沒有引述的部分，所有資料出處都清楚標註在本書末尾的「資料來源與延伸閱讀」中，且大多附帶延伸評論。這部分也提供一些額外資訊，有興趣的讀者可以進一步研究電腦科學中一些偉大的演算法。

我還應該談談這本書的書名。這無疑是革命性的一本書，但難道只有這九個演算法是重要的嗎？這倒是見仁見智，而且要看哪些可以被歸為一種演算法。除了引言和結論之外，這本書共有九章，每一章都探討一種為不同的電算任務帶來革命的演算法，例如加密、壓縮或模式辨識。因此書名的「九大演算法」，其實是指解決這九個電算任務的九種演算法。

這些偉大的演算法為什麼重要？

希望以上的精采摘要已經讓你等不及想一探究竟。但或許你還在想，這本書的終極目標究竟是什麼？請讓我針對本書的真正目的說幾句話。本書絕不是一本操作手冊。讀完本書之後，你

既不會是電腦安全專家，也不會是人工智慧的高手，但你確實會學到一些有用的技術，例如你會比較知道如何檢查「安全」網站和「已簽章」軟體程式的可信度，也能夠針對不同的工作項目明智地選擇可靠的壓縮程式，當你了解搜尋引擎的索引和排序技術，或許就能更有效地利用搜尋引擎。

　　不過，相較於本書真正的目標，以上都只是小菜一碟。讀完本書後，你的電腦使用技巧不會有驚人的進步，但卻能深入體會日常使用的電腦裝置背後的概念之美。

　　這有什麼了不起的？就讓我打個比方吧。我絕不是天文學專家，其實我對天文學還挺無知的，希望能多懂一點，但是每當我仰望夜空，我所知道的那少數幾顆星星卻也平添我觀星的樂趣，了解觀察的對象令我感到滿足與好奇。我熱切希望你讀過本書後，在使用電腦時偶爾會有這樣的滿足與好奇，你將能真正體會與欣賞這時代中無處不在、不可思議的黑盒子，也就是個人電腦的奧祕。

第 2 章

搜尋引擎的索引

哈克，你可以從我們站的地方碰到那個我用釣魚竿弄出來
的洞，看看你找不找得到。

——馬克・吐溫，《湯姆歷險記》（*Tom Sawyer*）

　　搜尋引擎對你我的生活影響至深，大部分的人每天要上網搜尋個好幾次，卻很少思索這了不起的工具究竟是怎麼辦到的。大量的可用資訊以及結果出現的速度和品質似乎是如此理所當然，以致當某個問題不能在幾秒內得到答案，我們竟然會有挫折感，殊不知每個成功的網路搜尋，都好比是從全世界最大的稻草堆裏抽出一根針，而這個稻草堆就是全球資訊網（World Wide Web）。

　　其實搜尋引擎的神奇功能，不光是把一大堆花俏的技術丟在一個問題上而產生的結果。的確，每一家主要的搜尋引擎公司都有經營巨型資料中心的國際網路，裏頭設置了上千台伺服器和先進的網路設備，但若沒有演算法來整理和抽取使用者想要的資訊，所有硬體就只是廢鐵罷了。因此本章和下一章將深入探討網路搜尋必定會用到的核心演算法，如何進行「配對」（matching）和「排序」（ranking）這兩大任務。本章將會探討「元詞技法」（metaword trick）這種聰明的配對技術，下一章會談到排序，看看谷歌知名的「網頁排序」（PageRank）演算法。

配對與排序

首先，讓我們來了解一下，發出網路搜尋要求時會發生什麼事。前面提到，基於效率的考量，搜尋引擎把配對和排序合併成一個程序，其實這兩個階段在概念上是分開的，因此我們將

假設配對完成後才開始排序。圖2-1的例子是查詢「倫敦巴士時刻表」，配對階段是回答「哪些網頁符合我的查詢」，也就是所有提到倫敦巴士時刻表的網頁。

　　但是，真實的搜尋引擎上，許多查詢會出現上百、上千甚至上百萬個結果，使用者通常只願意瀏覽五個或頂多十個結果，因此搜尋引擎要能從浩瀚的結果中挑出最佳的幾個，顯示在結果的第一頁給使用者看。好的搜尋引擎不只挑出幾個最佳結果，也會以最方便使用的順序呈現，最適合的網頁列在首位，之後依序排列。

　　「排序」是用對的順序挑出幾個最合適的結果，也是繼最初的配對階段之後，重要的第二階段。在競爭激烈的搜尋產業

圖2-1

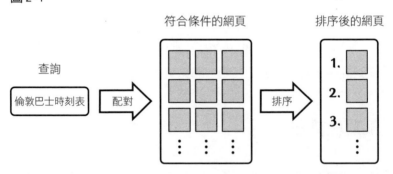

網路搜尋的兩階段：配對與排序。第一階段（配對）後可能有上千甚至上百萬個配對可能，必須在第二階段（排序）中，根據相關性進行排序。

中，排序系統的品質決定了搜尋引擎的生死。2002年，美國的搜尋引擎由谷歌、雅虎和MSN三分天下，各佔美國搜尋量不到30%（MSN後來以Live Search的品牌重新出發，之後又改為Bing）。之後幾年谷歌的市佔率大有斬獲，將雅虎和MSN的市場各壓縮到20%以下，一般認為谷歌是因為排序演算法而竄升為搜尋產業龍頭，因此說排序演算法決定搜尋引擎的生死並不誇張，但目前先將焦點放在配對的階段。

AltaVista：第一個網路規模的配對演算法

搜尋引擎的配對演算法要從何談起？21世紀初最偉大的科技成功案例「谷歌」，可說是最直接但錯誤的答案。兩位史丹佛大學的博士生為了進行專案計畫而創立谷歌，確實是個溫馨難忘的故事。1998年，佩吉（Larry Page）和布林（Sergey Brin）將一堆爛糟糟的電腦硬體組裝成新型態的搜尋引擎，不到十年他們的公司就成為網路時代最偉大的數位巨人。

　　不過，網路搜尋的概念在許多年前就已經出現了，1994年推出的Infoseek和Lycos可說是最早的商用網路搜尋工具，至於AltaVista則是在1995年推出搜尋引擎。90年代中期，AltaVista曾經登上搜尋引擎的寶座達數年之久，當時我是資訊科學研究所的研究生，還清楚記得它搜尋出包羅萬象的結果而令我驚呼不已，AltaVista是最先把每個網頁的內文完整標註索

引的搜尋引擎，更棒的是一眨眼的工夫就出現結果，因此我們就從「標註索引」（indexing）這個古老概念，開始來了解這個轟動武林的科技突破吧。

古早時代的陽春式索引

「索引」是每個搜尋引擎背後最基礎的概念，但索引並不是搜尋引擎發明的，其實索引的概念幾乎跟書寫一樣古老，考古學家曾在一座五千年歷史的巴比倫神廟圖書館中，發現有根據主題將一片片楔形文字加以分門別類，所以標註索引堪稱電腦科學中最古老且有用的概念。

近來「索引」（index）通常是指參考書最後的部分，也就是用固定的排序（通常按字母）列出讀者可能想進一步了解的所有概念，每個概念底下是出處一覽表（通常是第幾頁），因此談動物的書可能會出現「印度豹，124、156」的索引，意思是「印度豹」三個字出現在第124與第156頁。

搜尋引擎的索引和書籍索引的原理相同。書籍的「第幾頁」變成網頁，搜尋引擎賦予每個網頁一個頁碼。（沒錯，網頁非常多，最近一次統計共有數百億個網頁，但是電腦非常擅長處理大數目。）圖2-2具體說明這個概念。想像網際網路上只有三個簡單的網頁，分別被標上第1、第2、第3頁。

首先，電腦先列出每個網頁出現的每一個字，接著根據字

圖 2-2

| **1** 這貓坐在這墊上 | **2** 這狗站在這墊上 | **3** 這貓站著，而這狗坐著 |

一個想像的網際網路，裏頭只有三個網頁，被標註為 1、2、3。

```
這   1 2 3
貓   1 3
狗   2 3
墊   1 2
坐   1 3
站   2 3
在   1 2
上   1 2
而   3
著   3
```

標註了頁碼的簡單索引

母的順序排列（在英文的場合），替這三個網頁製作索引，我們暫且稱之為「字表」，在此是「這、貓、狗、墊、坐、站、在、上、而、著」。接著，電腦把每個網頁逐字掃過一遍，看到每個字的時候，會記下這個字旁邊標註的頁碼，最後結果如圖所示，例如「貓」這個字出現在第一頁和第三頁，「而」這個字只出現在第三頁。

搜尋引擎用這個簡單方法對許多簡單的查詢提供答案，假設你想查詢「貓」，搜尋引擎會快速跳到字表上的「貓」。（因

為字表是按照字母順序排列，電腦才能迅速找到字，就像人能快速找到字典裏的字一樣。）找到「貓」這個字後，搜尋引擎就能告訴你它出現在哪幾頁，在此是第一和第三頁。現代搜尋引擎會把結果製作成簡單易懂的格式，再加上每個網頁上的片段內容，不過這裏把重點放在搜尋引擎如何知道你想查的是哪幾個網頁。

再舉個簡單例子。來看看查詢「狗」的程序。搜尋引擎快速找到「狗」這個字而回報答案是第二頁和第三頁。但是，類似「貓狗」這種複合字的查詢呢？你要找的，是同時出現「貓」和「狗」這兩個字的網頁，搜尋引擎用目前的索引還是蠻容易找到，首先分別搜尋「貓」和「狗」，於是出現「貓」是第一頁和第三頁、「狗」是第二頁和第三頁，接著電腦快速掃描以尋找兩者都出現的頁數，於是第一和第二頁被剔除，而兩個字在第三頁都有，於是最後答案是第三頁。查詢兩個字以上的方法也很類似，例如查詢「貓在上」的答案就是第一頁，因為貓（13）、在（12）、上（12）。

目前為止，建構一個搜尋引擎看來挺容易的，最簡單的索引技術似乎就夠用，哪怕是查詢多個字。可惜這個簡單方法對現代的搜尋引擎來說完全不夠用，理由有好幾個，目前暫且只聚焦在其中一個問題上，也就是如何進行「片語查詢」。「片語查詢」是搜尋某個特定片語，而不只是某一頁上某處出現的幾個字。片語查詢在大部分的搜尋引擎上是用引號（" "）的形

式輸入（在英文的場合），所以查詢"貓坐"和貓坐就非常不同，查詢貓坐時，所有出現貓、坐（不論順序）的網頁都會被找出來，至於"貓坐"則是會搜尋「貓」之後立刻跟了「坐」的網頁。以此為例，查詢貓坐的結果是第一和第三頁，至於查詢"貓坐"的結果則是第一頁。

　　再以"貓坐"為例，說明搜尋引擎如何有效地進行片語查詢。第一步似乎應該和多重字查詢的搜尋一樣，也就是找出每個字出現的頁數，即貓（13）、坐（13），但接下來搜尋引擎就走不下去了，它確定兩個字都出現在第一頁和第三頁，但不知道兩個字是否連在一起。你或許會想，這時搜尋引擎可以回到原始網頁，看看有沒有一模一樣的片語，然而這方法極度無效率，電腦必須讀遍每個可能包含上述片語的每個網頁的全部內容，如此工程可能相當浩大。別忘了在這例子中只有三個網頁，但真正的搜尋引擎可是得從數百億網頁中找出答案。

文字—位置技法

上面問題的答案，正是第一個讓現代搜尋引擎發揮強大功能的聰明概念，也就是索引不該只儲存每個字在哪一頁，也要儲存每個網頁中的位置資訊，也就是每個字在網頁中的位置，所以第 3 個字的位置是 3，第 29 個字的位置是 29，以此類推。圖 2-3 標示每個網頁中每個字的位置，之下的索引是網頁的頁數

圖 2-3

這	1-1	1-5	2-1	2-5	3-1	3-6
貓	1-2	3-2				
狗	2-2	3-7				
墊	1-6	2-6				
坐	1-3	3-8				
站	2-3	3-3				
在	1-4	2-4				
上	1-7	2-7				
而	3-5					
著	3-4	3-9				

上：標註了每個字位置的網頁。下：包括了每個字所在的網頁頁碼和頁內位置的新索引

和單字的位置，我們把這種建構索引的方式稱為「文字—位置技法」（word-location trick），來看一些例子就可以了解。「貓」的索引是1-2和3-2，代表這個字出現在第一頁的第2個字和第三頁的第2個字。「著」則是3-4和3-9，代表出現在第三頁上兩次。最長的索引是1-1、1-5、2-1、2-5、3-1、3-6，讓你知道「這」字出現在資料組中的所有位置，它在第一頁中出現兩次

（第1和第5個位置），第二頁出現兩次（第1和第5個位置），第三頁也出現兩次（第1和第6個位置）。

　　我們介紹頁內位置，是希望有效率地進行片語查詢，接著來看如何用這套新的索引來查詢片語。就拿前面的 "貓坐" 為例，一開始的步驟和查詢單字時相同，把每個單字的位置從索引中找出來，於是「貓」就在1-2和3-2，「坐」是1-3和3-8。目前為止看似沒什麼問題，我們知道 "貓坐" 可能出現在第一頁和第三頁，但還無法確定。有可能這兩個字確實出現了，但不是以「貓」之後緊跟著「坐」的型態出現。好在從所在位置的資訊很容易確認，就先看第一頁吧，我們從索引資訊得知，「貓」出現在第一頁的第二個位置，又知道「坐」在第一頁的第三個位置，而如果「貓」在第二個位置，而「坐」在第三個位置，我們就知道「坐」緊接著「貓」，所以我們尋找的片語「貓坐」必定有出現在這一頁，而且是從第二個位置開始！

　　我知道有點囉嗦，但這麼詳細解釋是為了讓讀者真正了解究竟用了哪些資訊才得出答案的。我們只憑索引的資訊就找到 "貓坐" 的位置，而沒有去搜尋這兩個字原始所在的網頁，這一點是關鍵，因為我們只需要搜尋索引中的兩筆資料，而不用讀遍可能有答案的所有網頁，要知道真實的搜尋引擎在進行片語查詢時，可是會有數百萬個類似的網頁，所以將網頁內每個字的位置納入索引，就可以光憑著閱讀索引中的幾行資訊找到答案，而不用大費周章搜遍大量網頁。這個簡單的文字—位置

技法，是讓搜尋引擎發揮功用的一大關鍵！

　　"貓坐"的例子還沒完。第三頁的資訊還沒處理但道理類似，第三頁的「貓」在第二個位置，而「坐」在第八個位置，所以不可能緊鄰彼此，換言之"貓坐"並沒有出現在第三頁，即使「貓」和「坐」分別都有出現。

　　文字—位置技法不僅是對查詢片語很重要，讓我們來看看如何尋找彼此相距不遠的兩個字。在某些搜尋引擎上查詢時，你可以輸入NEAR這個關鍵字，AltaVista搜尋引擎從早期就有提供這項功能，至今仍是。例如假設在某個特定的搜尋引擎上查詢「貓NEAR狗」，可以把「貓」和「狗」兩字相距不超過五個字的網頁都搜尋出來，這個要怎麼做呢？利用文字—位置技法就行了。貓的索引是1-2和3-2，狗的索引是2-2和3-7，所以我們馬上知道第三頁是唯一可能的答案。第三頁上，貓出現在第二個位置，而狗在第七個位置，兩個字之間的距離是五，因此貓和狗出現的位置確實相距在五個字以內，因此答案是第三頁。這次我們又是很有效率就完成查詢，不用掃遍所有網頁的真正內容，只需參考索引中的兩筆資訊即可。

　　當然在實務上，NEAR這個功能對於搜尋引擎的使用者來說並不是那麼重要，幾乎沒有人使用這個功能，大部分的主要搜尋引擎甚至不支援這種功能，儘管如此，有能力做NEAR查詢確實是現實世界的搜尋引擎必備的能力，因為搜尋引擎本來就一直在執行NEAR查詢，想知道原因，首先來看看現代搜尋

引擎面臨的另一個重要問題，也就是「排序」。

排序與相鄰

目前為止我們一直聚焦在配對階段，也就是有效率地找到符合特定查詢的所有答案，但是前面強調過，排序階段對於高品質搜尋引擎來說是絕對必要的，因為在這階段才會挑選少數最符合要求的答案呈現給使用者。

　　讓我們進一步檢視排序的概念。網頁排序究竟靠什麼？真正的問題不是「這個網頁跟所要查詢的東西符不符合？」而是「這個網頁跟所要查詢的東西相關嗎？」電腦科學家用「相關」來說明某特定網頁對特定查詢的適合度或有用度。

　　舉個具體的例子，假設你想知道瘧疾的原因，於是在搜尋引擎上輸入「瘧疾原因」。為了簡化起見，假設搜尋引擎上只有兩個網頁符合搜尋條件，請參考圖2-4。你一看就知道，第一頁的確是和瘧疾的原因相關，然而第二頁似乎是在描述某個軍事戰役，只不過碰巧用了「原因」和「瘧疾」。所以第一頁毫無疑問要比第二頁更具相關性，但是電腦不是人，無從用簡單的方法了解這兩個網頁上的內容，因此搜尋引擎似乎無法針對這兩個可能的網頁正確排序。

　　不過有個很簡單的方法可以正確排序，原因是當網頁中所要查詢的字出現的位置相距很近，就會比相距很遠的網頁更可

圖 2-4

1 | 瘧疾最常見的**原因**是遭到受感染的蚊蟲叮咬，但罹患這種疾病也有其他管道。

2 | 我們的**原因**並非因為軍隊的健康情況不佳而雪上加霜，這些軍人之中許多人罹患**瘧疾**和其他熱帶地區的疾病。

也	1-27		
原	1-7	2-4	
因	1-8	2-5	2-8
瘧	1-1	2-35	
疾	1-2	2-36	

上：兩個有提到瘧疾的網頁。下：以這兩個網頁建立的部分索引。

能具相關性。就以瘧疾為例，第一頁中「瘧疾」和「原因」這兩個片語出現的位置中間相隔四個字，但第二頁中就相距二十九個字。（別忘了，搜尋引擎光是看索引就能有效率地找到，不必回頭瀏覽網頁本身。）因此雖然電腦並不真正理解查詢的主題內容，但可以猜想第一頁比第二頁更具相關性，因為所要查詢的字詞的距離，在第一頁是遠短於第二頁。

　　摘要一下：雖然人們不常使用 NEAR 查詢，但搜尋引擎卻是一直利用距離的遠近來提升排序功能，至於搜尋引擎能有效率地進行排序，原因在使用了文字—位置技法。

　　我們已經知道，巴比倫人早在搜尋引擎還未出現的五千多年前就已經使用了索引，不僅如此，文字—位置索引法也不

是搜尋引擎發明的,這個有名的技術早在網際網路出現前,就被其他型態的資訊抽取方式使用,不過下一段我們倒是要探討搜尋引擎設計師所發明的新技法「元詞技法」(metaword trick),AltaVista 搜尋引擎巧妙運用這個技法和各種相關概念,在 90 年代末躍升為搜尋產業的龍頭。

元詞技法

目前為止舉例的網頁都非常簡單,其實大部分的網頁結構多半不簡單,包含標題、主題、連結和圖像。我們之前都把網頁視為一般的文字頁面,現在要來探討搜尋引擎如何把網頁的結構也納入考量,但是為了盡量簡化起見,我們暫時只介紹結構的一部分,只讓網頁在頂端有個標題,接著是網頁的主體內容。圖 2-5 說明我們熟悉的三個網頁,這次添加了標題。

　　要了解搜尋引擎是如何分析網頁結構,就必須多了解一下網頁是如何被寫成的。網頁是以某些特殊的語言寫成的,

圖 2-5

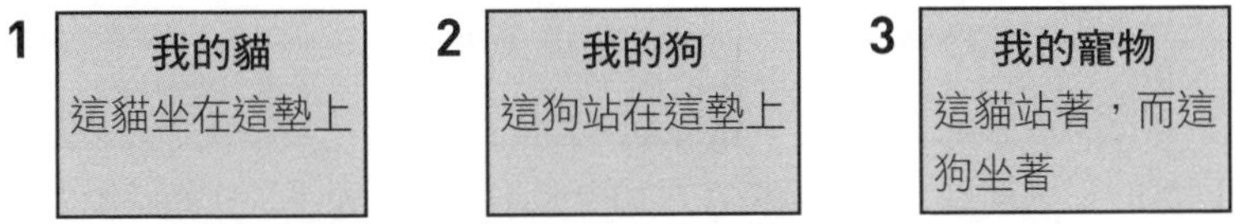

三個網頁,每個網頁各自有一個標題和一段主體內容。

可以讓網頁瀏覽器以一目瞭然的格式呈現。（最常見的語言是HTML，但HTML的細節並非此處討論的重點。）主題、標題、連結、圖像等的格式結構，都是用「元詞」的特殊字眼寫成，例如，網頁標題的開始可能會用<titleStart>的元詞，標題結束的元詞則是<titleEnd>，至於網頁的主體內容可以從<bodyStart>開始到<bodyEnd>結束。不要被「<」和「>」這些符號給弄糊塗了，這些符號在大部分的電腦鍵盤上都有，經常被當成數學運算的「小於」和「大於」，不過此處和數學完全無關，只是為了標示元詞不同於網頁上的文字而使用的方便符號。

　　圖2-6和前一個圖的內容相同，只是呈現的是網頁實際上是如何寫成的。大部分的網路瀏覽器都可以讓你檢視網頁的原始內容，只要在選單的「檢視」項下選擇「原始檔」（view source）即可，建議讀者有機會可以去看看。（請注意此處所

圖2-6

1	2	3
<titleStart> 我的貓 <titleEnd> <bodyStart> 這貓坐在這墊上 <body End>	<titleStart> 我的狗 <titleEnd> <bodyStart> 這狗站在這墊上 <body End>	<titleStart> 我的寵物 <titleEnd> <bodyStart> 這貓站著，而這狗坐著 <body End>

同樣的三個網頁，只不過現在是加上元詞呈現，而不是在網路瀏覽器上的樣子。

使用的元詞如<titleStart>和<titleEnd>是假設的，只是為了幫助理解而已。真正的HTML語言裏將元詞稱為標記〔tag〕，HTML中做為標題開始和結束的標記是<title>和</title>。選擇「原始檔」選項後，找找看這些標記吧。）

在建構索引時把所有元詞納入並不難，不需要新的技法，只要像儲存一般字一樣地儲存元詞的位置即可。圖2-7說明前面三個網頁包含元詞在內的索引，看看這個圖，你會發現它毫無神祕之處，例如「墊」的位置在1-12和2-12，意思是在第一頁的第12個字和第二頁的第12個字，元詞的道理也是一樣，所以<titleEnd>在1-5、2-5、3-6，也就是位在第一頁第5個位置、第二頁第5個位置和第三頁第6個位置。

我們把這種和普通字索引同樣簡單的元詞索引技法稱為元詞技法（metaword trick），這種方法或許出奇的簡單，不過卻是搜尋引擎進行精確搜尋以及高品質排序的關鍵。來看一個簡單的例子。假設有個搜尋引擎支援一種利用「IN」為關鍵字的特殊查詢型態，所以你查詢「船 IN TITLE」，就只會出現網頁上以「船」為標題的網頁，而搜尋「長頸鹿 IN BODY」則會把主體內容中有「長頸鹿」的網頁找出來。要注意大部分的搜尋引擎在IN的查詢方式上並不完全相同，但其中有些只要選擇「進階搜尋」選項，就可以在那裏指定查詢的字必須出現在標題或文件的特定部分，依然可以達到效果。此處假設IN關鍵字的存在，只是為了解釋方便而已，其實當我撰寫本書時，

圖2-7

我	1-2	2-2	3-2			
的	1-3	2-3	3-3			
寵	3-4					
物	3-5					
這	1-7	1-11	2-7	2-11	3-8	3-13
貓	1-4	1-8	3-9			
狗	2-4	2-8	3-14			
坐	1-9	3-15				
站	2-9	3-10				
在	1-10	2-10				
墊	1-12	2-12				
上	1-13	2-13				
著	3-11	3-16				
而	3-12					
<bodyEnd>	1-14	2-14	3-17			
<bodyStart>	1-6	2-6	3-7			
<titleEnd>	1-5	2-5	3-6			
<titleStart>	1-1	2-1	3-1			

前一圖中的網頁包含元詞在內的索引

狗	(2-4)	2-8	[3-14]
<titleStart>	1-1	(2-1)	[3-1]
<titleEnd>	1-5	(2-5)	[3-6]

搜尋引擎如何進行「狗IN TITLE」的搜尋

谷歌已經可以讓使用者以「intitle:」這個關鍵字來針對標題進行搜尋,所以在谷歌上輸入「intitle:boat」,就會出現標題中有

「boat」的網頁。自己試試看吧！

　　來看看搜尋引擎如何針對前述三個網頁，有效率地進行「狗 IN TITLE」的查詢。首先它從索引中找到「狗」分別在 2-4、2-8、3-14，接著找到<titleStart>和<titleEnd>，分別位在 1-1、2-1、3-1 以及 1-5、2-5、3-6。以上資訊摘錄自圖 2-7，你可以先不用管圓圈圈。

　　接著，搜尋引擎開始掃描「狗」的索引，檢查每個符合條件的地方，再確認是不是出現在標題裏。第一個「狗」出現的地方是 2-4（加了圓圈表示），相當於第二頁的第四個字，然後搜尋引擎掃描<titleStart>的索引，就知道第二頁的標題從哪裏開始，也就是去找出第一個出現「2-」的地方。以此為例來到了 2-1（加了圓圈表示），也就是第二頁的標題是從第一個字開始。同樣地，搜尋引擎也可以找到第二頁的標題到哪裏結束，只要順著掃描到<titleEnd>，尋找第一個出現「2-」的地方，於是就停在 2-5。因此第二頁的標題在第五個字結束。

　　目前我們所知都摘要在圖上的圓圈，說明第二頁的標題從第一個字開始，第五個字結束，「狗」則是出現在第四個字。最後一步很容易，由於四大於一但小於五，因此可以確定第二頁第四個字的「狗」確實出現在標題中，因此第二頁應該符合查詢「狗 IN TITLE」的條件。

　　現在，搜尋引擎可以進入下一個出現的「狗」字，這次是在第二頁第八個字，但因為我們知道第二頁已經有答案，所以

就可以跳過這一筆，直接進入下一個3-14（打上方框表示）。這次告訴我們「狗」出現在第三頁第十四個字，於是開始越過目前被圓圈圈住的位置，在<titleStart>和<titleEnd>當中尋找以「3-」開頭的資料。（特別注意，我們無須回到每一行的一開始，而是從前一個符合條件的字開始掃描。）在這個例子中，以「3-」開頭的資料剛好就是緊鄰著之前打上圓圈的地方，也就是<titleStart>的3-1，和<titleEnd>的3-6，為了方便識別，兩者都用方框框起來。這次我們的任務又是判斷目前在3-14出現的「狗」是否是在標題中，然而標題是從第一個字開始，第六個字結束，由於14大於6，因此這次「狗」出現在標題結束之後而不在標題內，換言之，第三頁找不到「狗IN TITLE」的情況。

因此，元詞技法讓搜尋引擎以極有效率的方式回答文件架構的查詢，上述例子只是搜尋網頁的標題，但是類似的技術可讓你搜尋在超連結內的字、圖像說明和網頁等各種有用的部分，這些查詢全都可以和上例一樣，以有效率的方式得到答案。一如前面討論的查詢，搜尋引擎無須回頭掃描原始網頁，只需參考索引上少數幾筆資料就可以得出答案，而且它只需要掃描每一筆索引一次。還記得處理完第二頁第一筆符合條件的資料，進入第三頁可能的答案時，搜尋引擎並沒有回到索引的一開始來尋找<titleStart>和<titleEnd>，而是從上次掃描到的位置繼續前進，這是此種查詢有效率的關鍵。

　　仰賴網頁架構的標題查詢類的「架構查詢」，與前面的
NEAR 查詢類似，因為人們很少採用架構查詢，但搜尋引擎的
內部卻一直在使用，理由和前面相同，搜尋引擎的成敗是以
排序功能決勝負，只要善加利用網頁的架構就可大幅增進排序
功能。舉例來說，標題上有「狗」的網頁，相較於只在主體內
文中提到狗的網頁，前者更可能包含關於狗的資訊，所以當使
用者光是查詢「狗」這個字的時候，搜尋引擎的內部可以進行
「狗 IN TITLE」的搜尋（哪怕使用者並沒有明白要求），以找
到最可能關於狗的網頁，而不只是碰巧提到狗而已。

光是標註索引和配對技法還不夠

建構搜尋引擎並不是容易的事，最終的產物就像巨大複雜的機
器，有許多不同的轉輪、排檔和拉桿，這些全都必須各就其
位，系統才能發揮功用。本章的兩個技法，還無法完全解決建
構搜尋引擎的索引時會碰到的問題，但是文字—位置技法與元
詞技法確實傳達了真正的搜尋引擎在建構和使用索引方面的況
味。

　　元詞技法讓 AltaVista 成功地在網路中有效率地找到配
對（其他搜尋引擎則失敗了），因為 1999 年 AltaVista 在美國
專利的存檔中，有一篇文章〈受限的索引搜尋〉（Constrained
Searching of an Index）就提到了元詞技法，不過 AltaVista 精心

設計的配對演算法並不足以讓它安然度過早期搜尋產業的動盪，有效率的配對法對於搜尋引擎的能力來說只是其一，對符合條件的網頁進行排序才是重頭戲。下一章將看到一種新型態的排序演算法讓AltaVista黯然失色，也將谷歌拱上網路搜尋世界的最前線。

第 3 章

網頁排序：

讓谷歌起飛的技術

「星際大戰」裏的電腦好像很遜，隨便問一個問題它都得想好久。我認為我們可以做得更好。

——佩吉（谷歌共同創辦人）

　　從建築學的角度來說，車庫是房子當中不起眼的部分，但是在矽谷，車庫對於創業卻有著特殊的重要性，因為許多偉大的科技公司即使不是在車庫誕生，至少也是在車庫中孕育的。這不是網路方興未艾的 1990 年代才開始的趨勢，早在五十年之前，也就是全球經濟從大蕭條中開始復甦的 1939 年，在大衛・惠列（Dave Hewlett）位於加州帕拉奧圖住家的車庫裏，惠普公司（HP）開始營運。幾十年後，1976 年，賈伯斯和沃茲涅克（Steve Wozniak）在創立了蘋果電腦後，是在賈伯斯位於加州洛思阿圖斯（Los Altos）的住家車庫裏營運。（一般說法是蘋果是在車庫裏成立的，但其實賈伯斯和沃茲涅克一開始是在臥室裏工作，不久因為太擁擠而搬到車庫去。）不過，比惠普和蘋果的成功故事更膾炙人口的，是谷歌這個搜尋引擎公司的發跡經過，它在 1998 年 9 月成立時，是在加州孟洛公園（Menlo Park）的某個車庫裏營運的。

　　事實上，當時谷歌經營網路搜尋服務已有一年多，一開始是利用史丹佛大學的伺服器，兩位共同創辦人在該校攻讀博士，後來其服務變得愈來愈熱門，導致所需的頻寬令史丹佛大學不堪負荷，於是當時在學的佩吉和布林才不得不將業務移轉到如今知名的孟洛公園車庫，結果證明這是明智之舉，因為谷歌公司正式成立才短短三個月，就入選《PC 雜誌》（*PC Magazine*）1998 年百大網站之一。

　　故事從這裏開始。套用《PC 雜誌》的話，谷歌以其「搜

尋結果具高度相關性的超強能力」而獲得此殊榮，或許你還記
得前一章提到，第一個商用搜尋引擎是在四年前的1994年時
問世，那麼車庫發跡的谷歌又是如何追上四年漫長的空白，在
搜尋品質上遠勝過當時流行的Lycos和AltaVista呢？答案可不
是三言兩語所能道盡，但其中一個最重要的因素，特別是在早
期，就是谷歌替搜尋結果排序的創新演算法，也就是「網頁排
序」（PageRank）。

　　PageRank是個雙關語，它既是一種替網頁排序的演算法，
也是主要發明人佩吉（Page）的排序演算法。1998年佩吉和布
林在一個學術會議上發表名為〈大規模超文本網頁搜尋引擎之
剖析〉（The Anatomy of a Large-Scale Hypertextual Web Search
Engine）的論文，而將這個演算法公諸於世。這篇論文如其標
題所示，不光是說明網頁排序而已，而是完整敘述了1998年時
的谷歌系統。然而藏在大量技術細節當中的，是21世紀時將成
為演算法之王的網頁排序演算法。本章將探討這個演算法如何
以及為何能在稻草堆中撈針，總是把最相關的結果呈現給使用
者。

超連結技法

超連結（hyperlink）是網頁上的「片語」，只要用滑鼠點它就
會帶你到另一個網頁。大部分的網頁瀏覽器會用藍色底線標示

來凸顯。

　　令人意外的是，超連結並不是新概念。1945年，就在大約電子計算機最初被開發出來的同時，美國工程師布希（Vannevar Bush）發表了一篇眼光遠大的文章，名為〈如我們所想〉（As We May Think）。布希在這篇文章中談到許多有潛力的新技術，包括一台他稱之為memex的機器，memex會儲存文件然後自動標註索引，不只如此，它還能做「聯想式索引……人們可以隨意讓任何一個項目立即且自動去挑選另一個項目」，換言之，這是早期的超連結形式！

　　1945年以來，超連結不斷地發展，如今不但是搜尋引擎排序的最重要工具，谷歌的網頁排序技術也以它為基礎。接下來就來一探究竟。

　　要了解網頁排序，第一步是了解「超連結技法」這個簡單概念。假設你想知道如何炒蛋，於是上網搜尋。真正上網搜尋炒蛋會出現上百萬筆符合條件的資料，但為了簡化起見，姑且想像結果只有兩個網頁，一個叫做「爾尼的炒蛋食譜」，另一個是「伯特的炒蛋食譜」。圖3-1呈現這兩個網頁，以及其他有超連結到這兩個網頁的網頁。再次為了簡化起見，想像整個網路上只有四個網頁連結到這兩種炒蛋食譜，超連結以畫線的內文呈現，箭頭表明所連結到的網頁。

　　問題是，伯特和爾尼的炒蛋食譜網頁，究竟誰該排在前面？對人類來說，直接去閱讀這兩個食譜的頁面來做判斷並不

圖 3-1

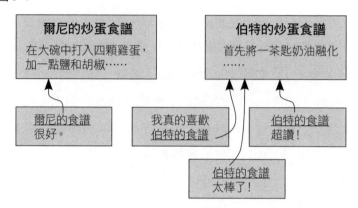

超連結技法。上面六個框框各代表一個網頁，其中兩頁是炒蛋食譜，另外四頁是有超連結到這兩個食譜的網頁。超連結技法將伯特的網頁排在爾尼之前，是因為有三個網頁連結到伯特的網頁，連到爾尼的只有一個。

難──看來這兩份食譜都不差，但是伯特的食譜遠比爾尼的受歡迎。因此，在欠缺其他資訊的情況下，將伯特排在爾尼前面應該是比較合理的做法。

　　可惜，電腦無法輕易了解某個網頁真正的意思，因此搜尋引擎無法檢視這四個連結到食譜的網頁，來評估每個食譜受好評的狀況。幸好電腦很會計數，所以一個簡單的方法是去計算每個食譜分別有幾個外來的連結──在此例中爾尼有一頁、伯特三頁──然後根據這個數量來排序。當然，這方法比不上人去閱讀所有網頁再以人工方式排序，但卻不失為一種有用的方

法。結果發現，在沒有其他資訊的情況下，一個網頁所擁有的外來連結數，可能足以成為該網頁實用性與權威性的指標，在此伯特的網頁得到三分，爾尼得到一分，於是搜尋引擎在呈現結果時，會將伯特的網頁排在爾尼前面。

　　你大概已經看出這種超連結技法的排序方式有哪些問題，其中之一就是有時候不好的網頁反而得到較多連結數。舉例來說，想像有個連結到爾尼食譜的網頁寫著：「我試了爾尼的食譜，難吃死了。」類似這種批評而非推薦的連結，利用超連結技法排序時，的確會給予這種網頁過高的排序，但是還好在實務上，超連結的褒多於貶，因此這種技法還是有用的。

權威性技法

或許你想知道為什麼所有外來連結應該被一視同仁，畢竟專家推薦不是比菜鳥推薦更有價值嗎？為了瞭解細節，我們繼續以上述炒蛋的網頁為例，只是用另一組來自外部的連結。圖 3-2 說明新的情況，伯特和爾尼各自都只有一個外來連結，只是爾尼的連結來自我的首頁，而伯特的連結則來自知名的主廚艾莉絲‧沃特斯（Alice Waters）。

　　在沒有其他資訊的情況下，你對誰的食譜比較感興趣？名廚推薦的食譜顯然比電腦書作者推薦的食譜要來得好，基本原理是我們所謂的權威性技法（authority trick），也就是來自高

圖 3-2

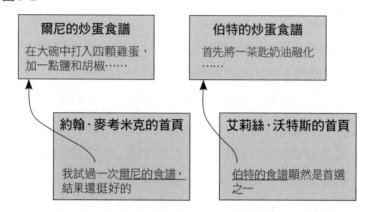

權威性技法。上面有四個網頁，兩個是炒蛋食譜，另外兩頁連結到這些食譜。其中一個連結來自本書作者（不是知名主廚），另一頁來自知名主廚沃特斯。權威性技法將伯特的網頁排在爾尼的網頁前面，因為伯特的外來連結比爾尼的更具有權威性。

權威性網頁的連結，應該比低權威性網頁的連結獲得較高的排序。

這個原則看來合情合理，但以目前這種形式對搜尋引擎並沒有用處，電腦要如何自動判斷沃特斯在炒蛋方面比我更具權威性？將超連結技法結合權威性技法或許有幫助。所有網頁一開始的權威分數都是1分，但如果某個網頁有幾個外來連結，它的權威性就等於這些外來連結的權威分數加總，換言之，如果X和Y網頁連結到Z，則Z的權威分數就等於X和Y的權威分數的和。

　　圖 3-3 詳細說明如何計算兩個炒蛋食譜的權威分數，圈圈
中的數字代表最後得分。有兩個網頁連結到我的首頁，而這些
網頁本身沒有外來連結，所以都是 1 分，我的首頁的總分就是
我的外來連結的分數加總，也就是 2 分。沃特斯的首頁有 100 個
外來連結，每個外來連結各有 1 分，因此她總共得到 100 分。
爾尼的食譜只有一個來自外部的連結，而這個外來連結的分數
是 2 分，所以將所有外來連結（也就是一個外來連結）的分數

圖 3-3

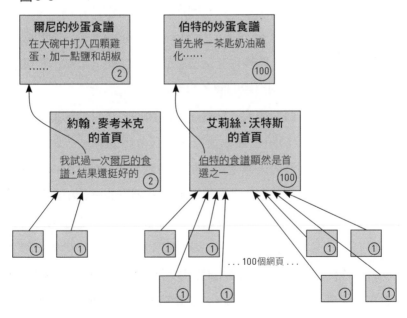

簡單計算兩個炒蛋食譜的「權威分數」。圓圈中的數字即是權威分數。

加總，爾尼獲得2分；伯特的食譜也只有一個得分為100分的外來連結，於是伯特的最後計分為100分。由於100大於2，因此伯特的網頁就排在爾尼之前。

隨機漫遊技法

看來這個策略能讓電腦自動計算權威分數又無需真正了解網頁內容，不幸的是，這個方法可能有個大問題。超連結很可能形成電腦科學家所謂的「兜圈子」（cycle），如果你藉由點擊一連串超連結能夠回到原點，這時的你就是在「兜圈子」。

以圖3-4為例。有A、B、C、D、E五個網頁。從A開始就連結到B而後到E，然後從E又連結到A，也就是起點。也就是說，A、B、E之間出現兜圈子的現象。

結果發現，每當出現「兜圈子」的情形時，目前的權威分數（將超連結技法結合權威性技法）就會出問題。這個例子中，C和D網頁沒有外來連結，於是得到1分，而C和D網頁都連結到A網頁，所以A的分數是C和D網頁的總和，也就是1+1=2。接著B從A網頁得到2分，E從B網頁得到2分（見圖3-4的左下方）。然而現在A的分數需要更新，因為它仍從C和D網頁各得到1分，又從E網頁獲得2分，總共是4分；B網頁也需要更新，從A網頁獲得4分；接著E網頁需要更新，從B網頁獲得4分（見圖3-4的右下方），以此類推。所以現在A網

圖 3-4

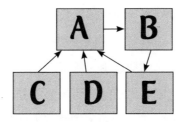

超連結的兜圈子範例。A、B 和 E 網頁形成一個圈子，因為你可以從
A 開始，接著點到 B 而後 E，最後回到起點 A。

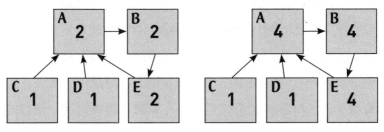

兜圈子造成的問題。A、B 和 E 永遠處在需要更新的狀態，它們的分
數會一直不停地增加。

頁是 6 分，B 網頁 6 分，E 網頁 6 分，A 網頁 8 分，以此類推。
知道意思了嗎？我們必須一直這麼下去，而分數就隨著我們兜
圈子跑而增加。

　　以這種方式計算權威分數，會有雞生蛋、蛋生雞的問題。
如果知道 A 網頁真正的權威分數，就可以計算 B 和 E 網頁的權
威分數。如果知道 B 和 E 網頁真正的分數，就可以計算 A 網頁
的分數。但是因為每個網頁的分數是根據別的網頁算出來的，

如此一來似乎不可能算出真正的權威分數。

幸好我們可以利用「隨機漫遊技法」（random surfer trick）來解決這個問題。請留意，隨機漫遊技法一開始的描述與超連結與權威性技法並無相似之處，等探討過隨機漫遊技法的基本機制後，會分析它不可思議的特質，看它如何結合超連結與權威性技法的優點，即使在兜圈子的情況下依舊能發揮應有的功能。

首先，這個技法想像有人正隨機地在網路上漫遊，這位漫遊者從全球資訊網上隨機挑選一個網頁開始，接著檢視這個網頁上所有的超連結，隨機挑選其中一個按下滑鼠。接著，他檢視這個新網頁並隨機選擇一個超連結按下滑鼠……這個過程繼續下去，每個新網頁都是在前一個網頁隨機點選一個超連結而產生的。圖3-5當中，想像整個全球資訊網上只有十六個網頁，框框代表網頁，箭頭代表網頁之間的超連結。其中有四個網頁被標示出來方便參考；深色格子代表漫遊者到訪過的網頁，黑色箭頭代表被漫遊者點擊的超連結，虛線箭頭代表隨機重新開始，接下來會說明。

整個過程有一個特點，也就是當漫遊者來到一個網頁時，他不點選其中一個超連結而選擇重新開始的機率是固定的（假設是15%），這時他會從網路隨機挑選另一個網頁，重新開始整個過程。可以這麼想像：網路漫遊者有15%的機率會對任合一個網頁感到無趣，因此重新開始，走另一趟新的連結。再

圖3-5

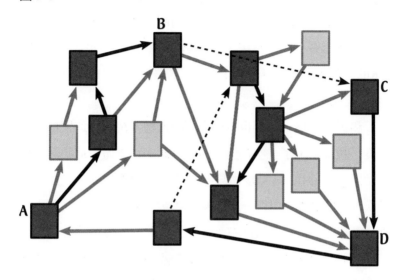

隨機漫遊模型。網路漫遊者所到達的網頁以深色格子標示，虛線箭頭
代表隨機的重新開始。一連串箭頭的起點是 A 網頁，接著以隨機選取
的超連結前進，但先後被兩個隨機的重新開始打斷。

一次仔細看看圖3-5。這位網路漫遊者從 A 網頁開始，接著隨
機挑選超連結三次而到達 B，之後對 B 網頁感到厭煩，於是從
C 網頁重新開始，之後又經過兩次隨機的超連結，然後又重新
開始。（順帶一提，本章所有隨機漫遊的例子是用15%的重新
開始機率。而谷歌創辦人佩吉和布林在最初的論文中，就是用
15%的重新開始機率來說明他們的搜尋引擎原型。）

　　用電腦模擬這個程序並不難。我自己就曾寫過程式來做這

件事，一直執行到網路漫遊者到過一千個網頁為止。（當然這不表示一千個不同的網頁，多次造訪同個網頁的次數也會被算進去，在這個小例子當中，每個網頁都被造訪不止一次。）圖3-6的上半部說明一千次的模擬造訪，你會看到D網頁被造訪144次居冠。

和民調一樣，我們也可以提高隨機樣本數來增進模擬的精確度，我重新跑了一次模擬，這次等到網路漫遊者造訪過一百萬個網頁才停止。（這麼做只花了我的電腦半秒鐘！）既然造訪次數如此之多，以百分比呈現結果會比較合適，圖3-6的下半部是結果，而D網頁再度蟬聯人氣王，占了造訪次數的15%。

隨機漫遊模型和我們想用來替網頁排序的權威性技法之間，究竟有何關係？隨機漫遊模擬計算出來的百分比，正好是我們在衡量網頁的權威性時所需要的。我們就把某個網頁的漫遊者權威分數（surfer authority score），定義為隨機漫遊者花在造訪該網頁上的時間百分比。不可思議的是，漫遊者的權威分數會同時納入先前兩種替網頁重要性排序的技法，接下來一一檢視。

首先是超連結技法。主要概念是當一個網頁有很多外來連結時就應該被排在前面，這點也適用於隨機漫遊者模型，因為當一個網頁有很多外來連結時，就有很多被造訪的機會，例如圖3-6的下方圖所示，網頁D有五個外來連結，比其他網頁都多，於是其漫遊者權威分數也就最高（15%）。

圖 3-6

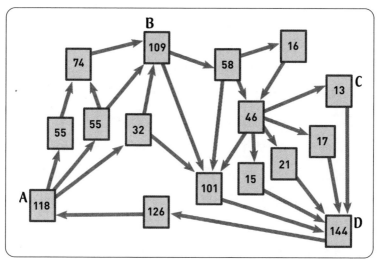

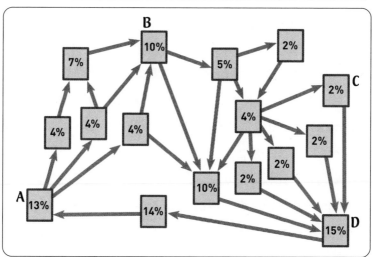

隨機漫遊模擬。上：在一千次造訪的模擬中，造訪每個網頁的次數。
下：在一百萬次造訪的模擬中，造訪每個網頁的百分比。

其次是權威性技法。這個技法的主要概念是，來自高度權威網頁的連結所獲得的排名，將優於來自權威性較低網頁的連結，這次隨機漫遊者模型也將此納入考量，原因是來自熱門網頁的連結比非熱門網頁更可能被追蹤，如圖3-6的下方圖中，A網頁和C網頁各有一個外來連結，但是A網頁的外部連結品質較高，於是漫遊者權威分數也遠高於C網頁（13%vs.2%）。

隨機漫遊者模型涵蓋了超連結技法和權威性技法，一併考慮每個網頁外來連結的質與量，B網頁獲得相對高的分數（10%），是因為它有三個分數普通（4%到7%）的外來連結。

隨機漫遊技法的美妙之處在於，不論超連結是否出現兜圈子的情況都一樣管用，這點和權威性技法不同。回到之前炒蛋的例子，我們可以輕易執行隨機漫遊者模擬，我自己的模擬在幾百萬次的造訪後得出圖3-7的漫遊者權威分數。要注意的是，和之前用權威性技法所做的計算一樣，儘管兩個網頁都各自只有一個外來連結，但是伯特網頁的分數遠高於爾尼（28%vs.1%），所以伯特在網路搜尋「炒蛋」中，將獲得較高的排序。

回到先前比較難的例子。圖3-4當中，超連結的兜圈子導致原始的權威性技法產生無法克服的問題，這次用電腦模擬隨機漫遊並不困難，於是產生圖3-8的漫遊者權威分數。這個結果告訴我們，搜尋引擎將會如何排序：A網頁排在最前面，其次是B、E，C和D網頁墊底。

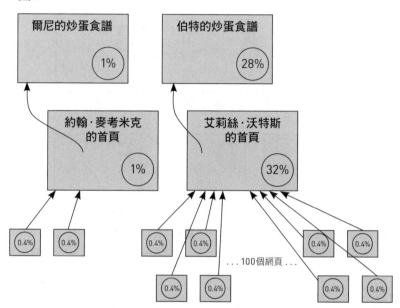

以圖3-3為基礎的漫遊者權威分數。伯特和爾尼的網頁各有一個外
來連結，這些外來連結有其各自的權威性，但是在網路搜尋「炒蛋」
時，伯特的網頁會被排在爾尼之前。

網頁排序的實作

谷歌的兩位共同創辦人在1998年發表的知名論文〈大規模超
文本網頁搜尋引擎之剖析〉中說明了隨機漫遊技法，這個技法
結合許多其他技法後的變化版，如今依舊被主要搜尋引擎所使

圖 3-8

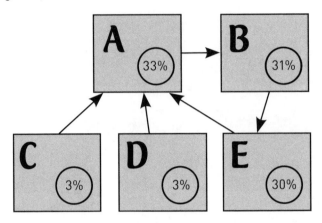

前面例子中，當超連結出現兜圈子情況時，所算出的漫遊者權威分
數。隨機漫遊技法即使面對兜圈子狀況，依舊能計算出適當的分數。

用。然而，基於一些複雜的因素，現代搜尋引擎真正採用的技
術，在某些方面已不同於此處說明的隨機漫遊技法。

　　其中一個使情況複雜的因素直指網頁排序的核心，也就是
假設超連結的個數愈多就愈具有合理的權威性，這點有時候是
有問題的。我們已經知道，雖然超連結可能是批評而非推薦，
但實務上這點通常不是嚴重問題，比較嚴重的是人們可能濫用
超連結技法而刻意拉抬自己網頁的排名。假設你經營一個叫做
BooksBooksBooks.com的賣書網站，利用自動技術不難製造出
大量（例如一萬個）網頁，而且每個網頁都連結到BooksBooks
Books.com。因此如果搜尋引擎用此處描述的方法計算「網頁

排序」的權威，該網站恐怕會比其他網路書店的分數高好幾千倍，而高排名也帶來更多業績。

搜尋引擎稱這種濫用的結果為網路垃圾（web spam，這個詞是來自電子垃圾郵件〔e-mail spam〕，一堆塞住網路搜尋結果的垃圾網頁，就像是一堆塞滿你收件夾的垃圾郵件一樣）。偵測並消除各種型態的網路垃圾，對所有搜尋引擎來說都是重要的長期抗戰。2004 年幾位微軟的研究人員發現，有超過三十萬個網站不多不少剛好有 1001 個網頁連結到它們，這種現象相當啟人疑竇，於是這幾位研究人員以人工方式檢查這些網站，發現絕大多數外來超連結都是網路垃圾。

於是，搜尋引擎和亂丟網路垃圾者展開一場軍備競賽，同時不斷地改善演算法好讓排序符合現實。這股改善「網頁排序」的動力，席捲了學術界和產業大量投入研究，孕育出其他一些利用網路超連結架構來替網頁排序的演算法，這類演算法通常被稱為連結基礎的排序演算法（link-based ranking algorithms）。

另一個使情況更形複雜的因素，則是和「網頁排序」的計算效率相關。漫遊者的權威分數是執行隨機模擬而算出來的，但在整個網路執行那樣的模擬太耗時，因此搜尋引擎不是藉由模擬隨機漫遊者的方式來計算「網頁排序」值，而是用數學方法去得出和隨機漫遊者模擬相同的答案，只是計算的成本低很多。我們會研究漫遊者模擬技術是因為它具有很直覺的優點，

也因為它描述了搜尋引擎計算什麼，而非如何計算。

　　另一件值得一提的事情是，商用搜尋引擎在決定排序時，除了「網頁排序」之類以連結為基礎的排序演算法之外，還使用其他很多因素。即使是谷歌在1998年公開說明的原始版本中，兩位創辦人也提到搜尋結果的排序參考了其他幾個數據。你可以想見在那之後的科技又進步了許多，截至撰寫此書的此刻，谷歌的網站聲明，該公司在評估網頁的重要性時，使用「超過兩百種指標」。

　　儘管現代搜尋引擎錯綜複雜，「網頁排序」的核心概念依舊有效，也就是具權威性的網頁可以透過超連結替其他網頁的權威加分。谷歌就是憑著這個概念將AltaVista擠下寶座，短短幾年間從小型新興企業變成搜尋之王。若是沒有「網頁排序」的核心概念，大部分的網路搜尋將被上千筆符合查詢條件卻不相干的配對結果所淹沒。「網頁排序」確實是演算法之寶，讓在稻草堆裏撈針不再是難事。

第4章

公鑰加密：

用明信片寄送祕密

我的那些全世界都不知道的大祕密，你知道嗎？

——狄倫（Bob Dylan），〈誓約女人〉（*Covenant Woman*）

人喜歡八卦，喜歡祕密。加密的目的是為了傳遞祕密，因此每個人都是天生的加密高手——人能夠比電腦更輕易地祕密溝通，如果你想告訴朋友一個祕密，只要在對方的耳朵旁講悄悄話就行了，電腦可就沒那麼容易辦到，電腦沒辦法把信用卡卡號「輕聲」說給另一台電腦聽，如果電腦和網際網路連線，就更加無從控制信用卡卡號會被傳到哪裏、被哪幾台電腦窺知。本章將探索電腦如何利用公鑰加密（public key cryptography）來克服這個問題，而這也是電腦科學至今最聰明且最具影響力的概念。

現在你或許想問，本章的副標題為何是「用明信片寄送祕密」，答案就在圖4-1。我們把公鑰加密比喻成用明信片溝通，現實生活中如果你想寄機密文件給某人，你當然會把文件妥善密封在信封裏寄出，雖無法保證天衣無縫，但畢竟不失為穩妥的做法。把機密訊息寫在明信片上寄出顯然無法保密，因為凡是接觸得到明信片的人（例如郵務員）都會看到明信片上的訊息。

以上正是電腦在網際網路上進行祕密溝通時遇到的問題。由於網路上的任何訊息通常都會經過許多「路由器」（routers），凡是能進入路由器的人（包括惡意竊聽者）都能一窺訊息內容，因此從你的電腦出去的每一筆資料進入網路後，就如同寫在明信片上一樣！

或許你已經替明信片問題想到快速的解決之道。何不用密

圖 4-1

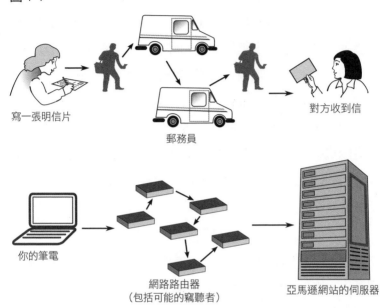

寫一張明信片　　　　　　　　　　　　　　　　對方收到信

郵務員

你的筆電

網路路由器　　　　　亞馬遜網站的伺服器
（包括可能的竊聽者）

明信片的比喻。透過郵政系統寄送明信片，顯然無法保證明信片的內容不被他人窺知。基於同樣理由，從你的筆電傳到亞馬遜網站的信用卡卡號，在沒有妥善加密的情況下很可能被窺探。

碼在訊息上加密後，再寫在明信片上？如果你認識收件人，這麼做是可行的，因為你們過去可能已經針對密碼達成共識，但真正的問題在於你寄明信片給不認識的人時，如果你在這張明信片上使用密碼，那麼郵務員將無從知道你的訊息，但收件人也看不懂！公鑰加密真正厲害的地方是，你使用只有收件人能破解的密碼，儘管你們根本沒機會針對使用的密碼暗中達成共

識。

　　電腦在面對不認識的收件人時也面臨同樣的溝通問題。例如你第一次用信用卡在亞馬遜網站買東西，於是電腦必須將你的信用卡卡號傳給亞馬遜的伺服器，但是你的電腦從沒和亞馬遜的伺服器傳輸過訊息，因此這兩台電腦過去沒有機會針對密碼達成共識，而它們試圖達成的任何共識，都可以被網路上它們之間所有的路由器觀察到。

　　現在回到明信片的比喻。我承認這狀況聽起來有點矛盾，收件者看到的資訊與郵務員看到的資訊一模一樣，但收件者能夠將訊息解密，郵務員卻不能。公鑰加密將為這個矛盾的情況提供解答，接下來進一步說明。

用共同的祕密來加密

首先是個簡單的例子，也就是在一間房間裏進行口語溝通。你跟你的朋友阿諾和你的死對頭伊芙在同一個房間裏，你想偷偷傳訊息給阿諾，又不希望讓伊芙知道訊息的內容，或許這訊息是信用卡卡號，但為了簡化起見，就假設是 1 到 9 之間的一個數字吧。此外你只可以用大聲說出來的方式跟阿諾溝通，而這麼一來又會被伊芙聽到，輕聲細語或遞紙條等小聰明的舉動一律不准。

　　假設你想傳的信用卡卡號是 7，其中一種傳遞方式，就是

先試著想一個阿諾知道但伊芙不知道的數字，例如你和阿諾小時候住在同一條街上，你們經常在你家的前院玩耍，地址是快樂街322號。又假設伊芙小時候並不認識你，特別是她不知道你和阿諾以前玩耍的這個地方的地址，於是你可以跟阿諾說：「嘿阿諾，我們小時候在我快樂街的家玩，你還記得那裏的門牌號碼嗎？如果你把門牌號碼加上信用卡卡號，結果是329。」

　　只要阿諾記得正確的門牌號碼，就可以將你告訴他的329減去門牌號碼，得出信用卡卡號。他將329減去322得出7，也就是你想傳給他的信用卡卡號。另一方面，儘管伊芙聽見你和阿諾說的每一個字，但還是無法知道信用卡卡號。圖4-2說明整個過程。

　　這個方法有用，是因為你和阿諾之間存在著電腦科學家所說的「共同祕密」（shared secret），也就是322。因為你們知道這個數字但伊芙不知道，於是就可以利用這個共同祕密來傳遞任何想傳遞的數字，只要加上這個數字再把總數說出來，讓對方減去共同的祕密即可。伊芙聽到總數卻不能怎麼樣，因為她不知道該減去什麼數字。

　　信不信由你，只要懂得簡單的「加法技法」，將共同的祕密數字加在像信用卡卡號這種私人訊息上，你就知道網際網路上絕大多數的加密是怎麼運作的！電腦一直在使用這種技法，但是為了確保萬無一失，還有幾個細節要注意。

　　首先，電腦使用的共同祕密必須比門牌號碼322長很多，

圖 4-2

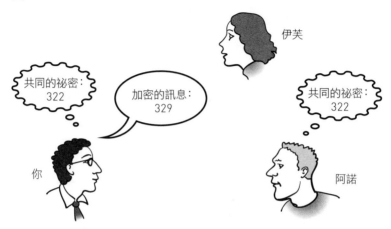

加法技法：把想傳送的訊息「7」加上共同的祕密「322」，就可以加
密。只要減去兩人共同的祕密，阿諾就可以解密，但伊芙不行。

否則偷聽到對話的人就可以試遍所有可能性。例如，假設我們
用加法技法將三位數的門牌號碼與16碼的信用卡卡號相加，
由於三位數的門牌號碼共有999種可能性，因此偷聽到我們對
話的伊芙就可以列出相對的999個信用卡卡號，而其中一個必
定是你的信用卡卡號。至於電腦幾乎在瞬間就可以試遍999個
信用卡卡號，所以共同祕密必須要比三位數再多很多位數才有
用。

　　事實上，當你聽到某個位元數的加密法，如128位元加密
（128-bit encryption），其實指的就是共同祕密的長度。共同祕
密通常被稱為「公鑰」，因為它可以被用來解鎖或解密訊息。

如果你算出公鑰中30%的位元數，就會知道公鑰大約有幾位數字。由於128的30%約為38，所以128位元加密的公鑰是一個38位數的數字。一個38位數的數字比十億的4次方還大，一般電腦要花幾十億年才能試遍所有的可能性，因此38位數的共同祕密被認為非常安全。（作者注：如果你了解電腦的數字系統，此處的38位數是十進位數字而非二進位數字〔位元〕。若是你懂得對數，從位元轉成十進位數字的30%的轉換比率，是來自 $\log_{10}2 \approx 0.3$。）

　　還有一個小問題，導致簡單版本的加法技法無法在真實生活暢行無阻，那就是加法得出的結果可以用統計分析，換言之只要分析大量經過加密的訊息就能破解公鑰。因此，現代的加密技術「分塊加密」（block ciphers）是加法技法的一種變化版。

　　它是這麼做的。首先，長訊息被細分成固定長短的「小塊」，每一塊通常是10到15個字元。第二，不是光把小塊訊息加上公鑰，而是根據一組固定的規則將每塊訊息經過多次轉換，這套規則與加法類似，但卻是以更難被破解的方式將訊息與公鑰混合，例如規則可能是：「將公鑰的前半段加到小塊訊息的後半段，將結果反轉再將公鑰的後半段加到小塊訊息的後面。」真正的規則要比這複雜多了。現代分塊加密通常經過十回合以上類似的加加減減，換言之這些加減運算重複被使用。經過夠多的回合後，原始訊息已經「面目全非」而禁得起用統計學進行攻擊，但是只要是知道公鑰的人就能倒推以上運算，

得到解密後的原始訊息。

　　當我撰寫此書時，最受歡迎的分塊加密方法要屬新一代加密標準（Advanced Encryption Standard，簡稱 AES）。AES 的使用範圍甚廣，典型的應用方式是以 16 個字元組成一塊，加上 128 位元的公鑰和 10 回合的混合作業。

設定一個公開的共同祕密

目前為止一切都沒問題。我們已經知道，網路上絕大多數的加密是先把訊息切成一塊塊，然後用加法技法的變化版對每一塊加密。不過這是簡單的部分，困難的在於一開始設定共同的祕密。上面提到，你和阿諾與伊芙同處一室，其實我們有一點偷吃步，利用你跟阿諾是兒時玩伴因此有共同的祕密（你家的門牌號碼）而伊芙不可能知道。如果你們三個人互不認識，你和阿諾還能設定一個共同祕密而不讓伊芙知道嗎？（你不可以跟阿諾講悄悄話，也不能偷偷遞紙條給他，所有溝通必須公開。）

　　一開始似乎不可能，但是竟然有一種高明的解決方式，電腦科學家稱為狄菲赫爾曼公鑰交換（Diffie-Hellman key exchange），我們稱之為混漆技法（paint-mixing trick）。

混漆技法

讓我們先把傳遞信用卡卡號的事擺一邊，想像你想分享的祕密

是某一種顏色的塗料（你很快就會知道，用這方式思考這個問題非常有用）。假設你跟阿諾和伊芙同處一室，每個人有好幾罐五顏六色的塗料可供選擇，每個人每一種顏色都有很多罐，因此不會有顏料用光的問題。由於每罐顏料都清楚標示顏色，很容易明確地指示別人該如何混合不同顏料，例如你可以說「將一罐天藍色和六罐雞蛋殼以及五罐海藍色混合」。由於每一種顏色都有上百甚至上千種色階，因此不可能光憑肉眼就判斷出混合顏料中有哪些顏色；同時，也不可能用嘗試錯誤的方法，因為顏色的種類實在太多。

　　現在把遊戲規則稍稍改一下。每個人被分配到房間的一個角落，而且用窗簾布遮掩以保有隱私，你們在這裏存放自己的塗料，並可以祕密地將塗料混合而不讓他人看到，但是溝通的規則和之前一樣，你、阿諾和伊芙之間的任何溝通必須公開透明，換言之你不可以邀請阿諾進入你私人的調漆空間！另一個規則是規定你們能夠以何種方式分享混好的油漆：你可以把一些油漆給房裏的某個人，但你只能把這些油漆放在房間地上的正中央，讓別人取走，換言之你無法確知誰會拿走你的油漆。最好的方法是製造足夠的油漆，在房間中央留下幾份，想要的人就可以拿去。這個規則其實只是「所有溝通必須公開」的延伸，如果你給阿諾某一種混漆卻沒有也給伊芙，你就是跟阿諾在進行某種「私下」的溝通，而這是違反規定的。

　　請記得，這個混漆遊戲的用意是要解釋如何設定一個共同

祕密，此時你或許會納悶到底混漆跟加密有何關係，別擔心，你即將知道一個不可思議的技法，電腦竟然可以用它在網際網路這麼公開的地方設定共同的祕密！

首先要知道遊戲的目標。目標就是你和阿諾各自製造相同的混漆，同時又不告訴伊芙如何製造。如果你辦到了，就可以說你和阿諾已經設置了「共同的祕密混漆」。你們可以公開交談，也可以將一罐罐油漆在房間中央及你的私人調漆空間來回搬運。

現在要開始進入公鑰加密背後的高招了。混漆技法分成四個步驟。

第一步　你和阿諾各自選擇一種「個人色」。

你們的個人色不同於最終製造出來的共同祕密混漆，但會是共同祕密混漆中的一種成分。你可以選擇任何一種顏色當作個人色，但是一定要記住，不要忘了。你的個人色幾乎可以確定會跟阿諾的個人色不一樣，因為可選的顏色實在太多，例如你的個人色是薰衣草紫，阿諾的是深紅色。

第二步　你們之中的一位公開宣布一種不同的新顏色成分，我們稱之為「公共色」。

這次你們還是可以選擇任何喜歡的色彩。假設你宣布公共色為雛菊黃。注意只有一種公共色（而不是你和阿諾各有一種公共色），當然伊芙會知道公共色，因為你是公開宣布的。

第三步　你和阿諾各自將一罐公共色和一罐個人色混合，製造出你們各自的「公共個人混色」。

顯然，阿諾的「公共個人混色」不會和你的相同，因為他的個人色跟你的不同，你的「公共個人混色」會有一罐薰衣草紫和一罐雛菊黃，阿諾的則是混了深紅和雛菊黃。

這時候，你和阿諾想把自己的「公共個人混色」給對方，但是直接把混漆交給在場其他人是違反規定的，唯一方法是分成好幾份放在房間中央，讓想要的人自己去拿，於是你和阿諾各自製造了好幾份「公共個人混色」，把這些混漆擺在房間中央，伊芙想的話可以偷拿走一兩份，但你等一下就會知道，這麼做對她一點好處都沒有。圖4-3說明這個混漆技法第三步的狀況。

現在總算有一點進展了。如果你很認真思考，或許就能理解這個技法如何能讓你和阿諾各自創造出一模一樣的共同祕密混漆，而不被伊芙知道。答案如下。

圖 4-3

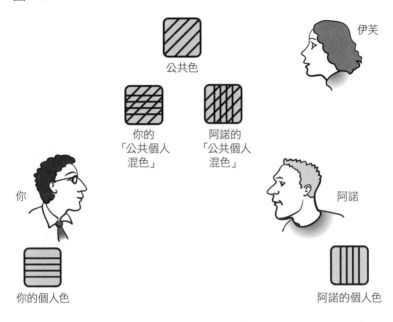

混漆技法的第三步：想要的人都可以去拿「公共個人混色」。

第四步　你拿起一份阿諾的「公共個人混色」帶回你的角落，接著加入一罐你的個人色。同時阿諾也拿起一份你的「公共個人混色」帶回他的角落，然後加入一罐他的個人色。

　　結果，你們兩個人竟然製造出完全一樣的混漆！你添加你的個人色到阿諾的「公共個人混色」（深紅和雛菊黃），於是成

為一罐薰衣草紫、一罐深紅色、一罐雛菊黃；阿諾則是把他的
個人色（深紅）加到你的「公共個人混色」（薰衣草紫加雛菊
黃），於是成了一罐深紅、一罐薰衣草紫、一罐雛菊黃，跟你
最終的混漆完全相同，成了不折不扣的共同祕密混漆。圖4-4
說明混漆技法最後一步的狀況。

　　伊芙製造不出共同的祕密混漆，原因是她不曉得你跟阿諾
各自的個人色，而她至少需要其中一種才製造得出共同祕密混

圖4-4

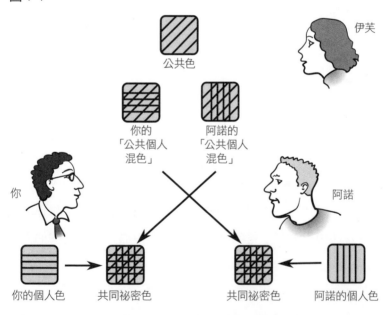

混漆技法的第四步：你和阿諾可以如圖上箭頭所示混合油漆，製造出
共同的祕密混漆。

漆來。你和阿諾把她擋在門外，因為你們永遠不讓你們各自的
個人色暴露在房間中央，而是各自將個人色混入公共色之後才
讓它曝光，於是伊芙就無從破解「公共個人混色」，以取得其
中一種個人色的樣本。

　　因此，伊芙只接觸得到兩種公共個人混色。如果她把一份
你的公共個人混色和一份阿諾的公共個人混色相混，結果會是
一份深紅色、一份薰衣草紫和兩份雛菊黃，換言之相較於共同
祕密混色，伊芙混出來的多了一份雛菊黃因而「過黃」，而由
於沒有辦法將混漆還原，因此她無法除去那多餘的一份黃。你
或許會想，伊芙只要多加一點深紅和薰衣草紫就可以了，但別
忘了她並不知道你們的個人色，因此不知道該加入這些顏色，
她只能把深紅加雛菊黃或薰衣草紫加雛菊黃的組合加入，而這
些永遠都導致她混出來的漆過黃。

標上數字的混漆

如果你了解了混漆技法，就能明白電腦在網際網路上建立共同
祕密的方法，但是電腦當然不會使用油漆，電腦是用數字，而
且為了把數字混在一起，電腦要用到數學。電腦真正使用的數
學並不太複雜，但卻複雜到讓人乍看之下摸不著頭緒。因此，
了解網際網路上如何建立共同祕密的下一步會使用一些「偽
裝」數學，換言之為了把混漆技法轉換成數字，我們需要一種
單向行動，也就是一旦完成就無法被還原，混漆技法的單向行

動是「將油漆混合」，把幾種油漆混在一起形成一種新顏色並不難，但是你無法將混漆還原成一個個原始的顏色，因此混漆是單向行動。

至於偽裝數學的偽裝程序如下。把兩個數字相乘當作是單向行動，你一定發現這絕對是「鬼扯」，因為乘法的相反是除法，只要進行除法就可以輕易讓乘法還原，例如把 5 乘以 7 就得到 35，只要把 35 除以 7，就能還原出 5 來。

儘管如此，我們將繼續「鬼扯」，在你、阿諾和伊芙之間玩另一個遊戲，這次假設你們都知道如何把數字相乘，卻都不知道如何將數字相除。目標跟前面幾乎相同，你和阿諾試著建立一個共同的祕密，但這次共同的祕密會是一個數字而不是一種顏色的油漆。至於溝通的規則一如往常，所有的溝通必須公開，因此伊芙也聽得到你和阿諾的所有對話內容。

現在要做的，就是把混漆技法轉成數字。

第一步 你和阿諾各自選擇一個「個人數字」（而不是個人色）。

假設你選擇 4 而阿諾選擇 6。接著再回想混漆技法剩下的步驟，包括宣布公共色、製造公共個人混漆、公開地和阿諾交換公共個人混色，最後把你的個人色加上阿諾的公共個人混色，得出共同的祕密色。把這些步驟轉成數字應該不會太難，

只要用乘法取代混漆當成單向行動即可。

　　解答不會困難到跟不上，你們已經選了自己的個人數字（4和6），因此下一步是：

第二步　你們之中的一位宣布「公共數字」（相當於混漆技法中的公共色）。

　　假設你選擇7做為公共數字。

　　混漆技法的下一步是製造出公共個人混漆，但是我們已經決定不混漆而是將數字相乘，因此你要做的是：

第三步　將你的個人數字（4）乘以公共數字（7），得出公共個人數字28。

　　你可以公開宣布，讓阿諾和伊芙都曉得你的公共個人數字是28（不必把一罐罐油漆帶來帶去）。阿諾也同樣將他的個人數字（6）乘以公共數字（7），宣布他的公共個人數字是42，圖4-5說明整個程序到目前為止的狀況。

　　還記得混漆技法的最後一步嗎？你把阿諾的公共個人混漆加上一罐你的個人色，製造出共同祕密色。此處我們同樣是用乘法而不是混合油漆。

圖 4-5

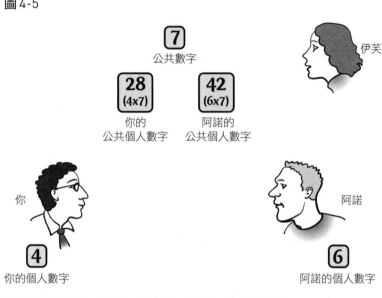

混合數字技法的第三步：公共個人數字是對外公開的。

> **第四步** 你將阿諾的公共個人數字（42）乘以你的個人數字（4），得出共同祕密數字（168）。

這時候阿諾也把你的公共個人數字（28）乘以他的個人數字（6），結果得出相同的共同祕密數字，因為28×6=168。最後結果如圖4-6。

其實一點也不神奇，阿諾和你都製造出相同的共同祕密色，因為你們同樣把三個顏色混在一起，只是順序不同罷了，

圖 4-6

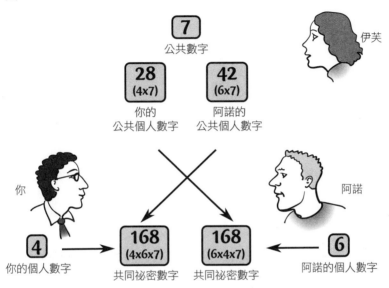

混合數字技法的第四步：你和阿諾可以把箭頭顯示的數字相乘，而做出共同的祕密數字。

你們都保留了一種個人色，將它和公開的混漆結合。此處的數字也是，你們都將 4、6 和 7 相乘，得到同樣的共同祕密數字（4×6×7=168），只不過你是把個人數字 4，與阿諾宣布的 42（6×7）相乘，而阿諾則是將個人數字 6 與你宣布的 28（4×7）相乘。

　　跟混漆技法相同，現在來驗證伊芙是不是破解不了共同的祕密。宣布公共個人數字時，伊芙全部聽在耳裏，於是她聽

到你宣布的28和阿諾宣布的42，此外她也知道公共數字7，因此如果伊芙知道如何做除法，她只要將28除以7得到4，42除以7得到6，就可以立刻破解你們的祕密，接著她將4乘6乘7，就得出共同祕密168。但是幸好我們在這個遊戲中採用偽裝的數學，也就是假設乘法是單向行動，伊芙不知道如何做除法，於是她看到28、42和7卻一籌莫展，她能夠把其中幾個數字相乘，卻無法推知共同祕密數字。若是她將28×42=1176那就太離譜了，這就好比她在混漆遊戲中的結果是太多黃色，此處她的結果則是太多個7。共同祕密中只有一個7的因子，因為168=4×6×7，伊芙企圖破解祕密卻有兩個7，因為1176=4×6×7×7，而她無從丟掉那多出來的7，因為她不知道如何做除法。

現實生活中的混漆方法

我們已經探討電腦在網路上建構共同祕密時所需的所有基礎概念，但是用數字混漆的唯一瑕疵，在於它使用「偽裝數學」，換言之我們假裝沒有人會用除法。為了完成這套方法，我們需要一個真實生活中既容易（像混漆）但實務上又不可能還原（把混好的油漆分解開來）的數學運算。電腦在現實生活中進行混合作業時，是用一個叫做離散指數（discrete exponentiation）的東西，還原的作業則稱為離散對數（discrete logarithm）。由於並沒有已知的方法能讓電腦有效率地計算離

散對數，於是離散指數就成了我們可使用的單向行動了。為了正確解釋離散指數，我們需要兩個簡單的數學觀念並寫幾個公式，如果你不喜歡公式，請略過本章之後的部分，因為你已經幾乎完全了解這個主題了。但如果你真的想知道電腦如何變魔術，請繼續讀下去。

我們需要的第一個重要的數學觀念叫做時鐘算術（clock arithmetic），其實這是每個人都熟悉的，也就是時鐘上只有12個數字，所以每當時針過了12，就又從1開始。某個活動從10點開始歷時四小時到兩點鐘，於是我們在這12個小時的時鐘系統裏，可以說10+4=2。數學上的時鐘算術也類似，只不過有兩點差異：（一）時鐘上的最大數字可能不同（不一定是一般熟悉的1到12的數字），以及（二）時鐘上的數字是從0而非從1開始起算。

圖4-7說明時鐘上有7個數字，分別是0、1、2、3、4、5、6，在這樣的時鐘上做數學運算，只要跟平常一樣將數字相加相乘即可，但是每當出現答案時，你只算除以7之後的餘數。也就是說，若要計算12+6，首先跟平常一樣相加得出18，接著18除以7的餘數是4，所以12+6的最終答案是4。

下面的例子會設定時鐘有11個數字。（稍後會討論到，運用在實際上的時候，時鐘上的數字會大非常非常多。這裏使用比較小的數字，讓解釋盡可能簡單。）除以11之後取其餘數並不太難，因為11的倍數會像66和88，有兩個相同的數字。下

圖 4-7

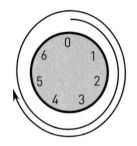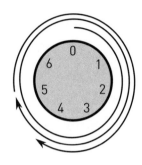

左：時鐘上有7個數字時，數字12被簡化成5，方法很簡單，就是從零開始，以順時針方向數12個單位，就會得到5。右：再次使用時鐘數字7，結果發現12+6=4，方法是從5（12）開始，再以順時針方向數6個單位。

面的例子是用11個數字的時鐘計算的：

　　7+9+8=24=2（時鐘有11個數字）

　　　8×7=56=1（時鐘有11個數字）

　　第二個數學觀念是次方記號（power notation）。這就沒什麼稀奇的，就只是寫下同一個數字乘很多次的快速方法，將6連續自乘4次，6×6×6×6就寫成6^4，接著把次方記號跟時鐘算數結合，例如：

　　3^4=3×3×3×3=81=4（時鐘有11個數字）

　　7^2=　7×7　=49=5（時鐘有11個數字）

　　圖4-8說明了當時鐘尺寸為11時，2、3、6的1到10次方，這對於等下將要解說的例子會很有用，因此你要先了解這個圖表是怎麼產生的。先來看最後一欄。這一欄的第一個數字是6，也就是6^1。下一個數字代表6^2也就是36，但因為我們使用的時鐘尺寸是11，而36大於33，因此這一格的數字是3。要計算這一欄的第3個數字，或許你會認為應該先算出$6^3 = 6 \times 6 \times 6$，不過還有一種更容易的方法。我們之前已經算出$6^2$是3，因此

圖4-8

n	2^n	3^n	6^n
1	2	3	6
2	4	9	3
3	8	5	7
4	5	4	9
5	10	1	10
6	9	3	5
7	7	9	8
8	3	5	4
9	6	4	2
10	1	1	1

這個表格顯示當時鐘上有11個數字時，2、3和6的1次方到10次方是多少。如內文中解釋的，每一格的數字是從上一格數字經過一些簡單運算而來。

6^3 只需要將前一個結果乘以6即可，於是 3×6=18=7（時鐘尺寸11）。下一個則是 7×6=42=9（時鐘尺寸11），依此類推。

　　現在終於要開始建置電腦在真實生活中使用的共同祕密了，你和阿諾會想要分享祕密，而伊芙則是在一旁偷聽並且試圖破解祕密。

第一步　你和阿諾各自選擇一個個人數字。

　　為了讓數學盡可能簡單起見，我們會用很小的數字舉例。假設你選擇8當作個人數字，阿諾選擇9。8和9這兩個數字本身不是共同祕密，但就像在混漆技法中的個人色，這些數字會成為「調配」共同祕密的元素。

第二步　你和阿諾針對兩個公共數字公開達成共識，也就是時鐘尺寸（此處使用11），以及所謂的「基數」（base，此處使用2）。

　　「11」和「2」這兩個公共數字，就相當於混漆技法一開始時，你和阿諾達成共識的公共色，唯獨混漆的例子中只需要一個公共色，在此則需要兩個公共數字。

第三步　你和阿諾各自利用次方記號和時鐘算術法，將個人數字和公共數字混合，創造出一組公共個人數字（public-private number，PPN）。

明確的說，是根據以下公式將數字混合：

PPN=基數^{個人數字}（時鐘尺寸）

以上公式寫成文字或許有點怪，其實實務上並不複雜。在這個例子中，只要參考圖4-8的表格就可以得出答案。

你的PPN=2^8=3（時鐘尺寸11）
阿諾的PPN=2^9=6（時鐘尺寸11）

圖4-9說明這個步驟之後的情況。這些公共個人數字正好就是混漆技法第三步的公共個人混漆。在混漆技法中，你將一份公共色的油漆混上一份個人色，製造出公共個人混漆；在此你必須用次方記號和時鐘算術，將個人數字與公共數字混合。

第四步　你和阿諾各自拿走對方的公共個人數字，再與你自己的個人數字混合。

這是根據以下公式：

圖 4-9

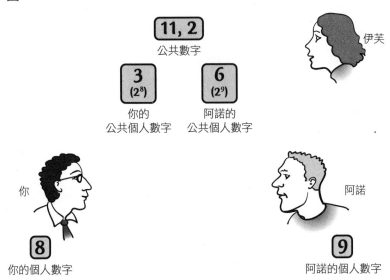

真實生活中混合數字的第三步。用次方和時鐘算術算出的公共個人數字（3和6）是對外公開的。數字3底下的 2^8，提醒我們3是怎麼算出來的，不過時鐘尺寸11之下的 $3=2^8$ 是不公開的，同理6底下的 2^9 也不公開。

$$共同祕密 = 另一個人的PPN^{個人數字}（時鐘尺寸）$$

這次也是只要參考之前的表格，就可輕鬆得出下面結果：

你的共同祕密$=6^8=4$（時鐘尺寸11）

阿諾的共同祕密$=3^9=4$（時鐘尺寸11）

最後情況在圖4-10中說明。

當然，你的共同祕密和阿諾的共同祕密到最後會是同一個數字（在此例中為4），這個例子要靠一些精細的數學運算，但基本概念跟之前一樣，儘管你們分別用不同的次方數將各個元素混合，但是你和阿諾使用的是相同元素，因此會製造出相同的共同祕密。

和這個技法的早先版本一樣，伊芙依然被晾在一旁。她

圖 4-10

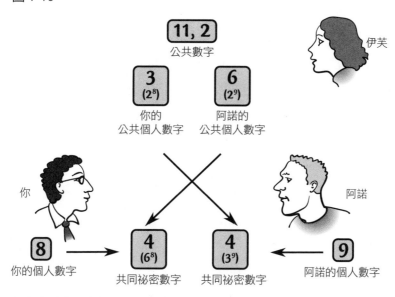

真實生活中混合數字的第四步。你和阿諾能利用次方和時鐘算術把箭頭的元素結合起來，做出共同祕密數字。

知道兩個公共數字（2和11），也知道兩個公共個人數字（3和6），但卻無法利用她所知的來計算共同祕密數字，因為她得不到你和阿諾各自的個人數字。

實務上的公鑰加密

混漆技法的最後版本，是利用次方和時鐘算術將數字混合，而這也是電腦在網際網路上真正用來設置共同祕密的方式之一。此處描述的這個方法稱為狄菲赫爾曼公鑰交換公約（Diffie-Hellman key exchange protocol），是以狄菲（Whitfield Diffie）和赫爾曼（Martin Hellman）命名，兩人於1976年首次公開這個演算法，每當你進入安全網站（以https:而不是http:開頭的網站），這時你的電腦及其連通的網路伺服器，就會利用狄菲赫爾曼公約或其他類似方式製造出共同的祕密；一旦共同的祕密建立了，兩台電腦就可以將前面說明的加法技法加以變化，將所有溝通的內容加密。

實務上在用狄菲赫爾曼公約時，真正的數字遠大於此處的例子。我們用一個非常小的時鐘尺寸（11）以方便計算，但如果你選擇一個小的公共時鐘尺寸，個人數字也就只有區區幾個可能（因為你只能使用比時鐘尺寸小的數字做為個人數字），如此一來某人可以利用電腦試遍所有可能的個人數字，直到找出能製造你的公共個人數字的數字來。前面的例子只有11個

數字，因此破解這套系統簡直容易到爆，相對之下狄菲赫爾曼
公約在真正落實的時候，通常會使用好幾百個位數的時鐘尺
寸，如此一來可能的個人數字也就多到難以想像（遠多於一兆
兆）。即使如此，公共數字的挑選還是務必謹慎，以確保這些
數字具備正確的數學屬性，若想進一步了解請看圖4-11。

圖4-11

> 狄菲赫爾曼公共數字最重要的特性，在於時鐘尺寸一定要
> 是質數，換言之它除了1和本身之外無法被除盡。另一個有
> 趣的必要條件是，基數一定要是時鐘尺寸的原根（primitive
> root），也就是說，時鐘上每個數字終究會是基數的次方結
> 果。如果你看圖4-8的表格，會發現2和6都是11的原根但3
> 不是，因為3的次方依序是3、9、5、4、1的循環，但跳過
> 了2、6、7、8、10。

替狄菲赫爾曼公約選擇時鐘尺寸和基數時，一定要滿足特定的數學特
性。

　　此處描述的狄菲赫爾曼法，只是透過（電子）明信片溝通
的眾多方法之一，電腦科學家稱狄菲赫爾曼法為一種公鑰交換
演算法（key exchange algorithm）。其他的公鑰演算法，則可以
讓你利用收件者宣告的公開資訊直接對訊息加密，相對之下，
公鑰交換演算法讓你運用收件者的公開資訊建立共同祕密，但

是加密本身是透過加法技法完成。網際網路上的傳輸大多是使用本章學到的方式，原因是需要的電腦運算能力少很多。

不過，有些應用需要成熟的公鑰加密技術，或許最有趣的要算是第九章的數位簽章了，你讀到那一章的時候會發現，成熟的公鑰加密型態，在概念上是將祕密資訊和公共資訊以數學不可逆的方法混合，就像前面讀到油漆的顏色一經混合就無法回復原狀一樣。最有名的公鑰加密是RSA，是以最先公開的發明者李維斯特（Ronald Rivest）、夏米爾（Adi Shamir）和阿德曼（Leonard Adleman）命名，第九章以RSA為主要範例，來說明數位簽章的運作方式。

這些早期的公鑰加密演算法，有一些迷人而且錯綜複雜的故事。狄菲和赫爾曼確實是最先公布狄菲赫爾曼法的人（1976年），至於李維斯特、夏米爾和阿德曼則是1978年最早公布RSA，但這還不是全部。後來人們才發現，英國政府老早就知道類似的系統，然而這群走在狄菲赫爾曼和RSA之前的發明家，是為英國政府通訊實驗室GCHQ工作的數學家，他們的成果被記錄在祕密內部文件中，直到1997年才解密。

RSA、狄菲赫爾曼等公鑰加密系統不僅是絕妙的點子，甚至演進成企業和個人不可或缺的商業技術和網際網路標準。若是沒有公鑰加密，每天進行的線上交易絕大多數都無法安全完成。RSA的發明者於1970年代時為他們的系統申請專利，到2000年的年底到期。專利到期的當晚，一場慶祝派對在舊金山

的大美國音樂廳（Great American Music Hall）舉行，慶祝的或
許是公鑰加密將繼續存在下去。

第 5 章

錯誤更正碼：

錯誤可以自己修正！

指出他人的錯誤是一回事，告訴他真理又是另一回事。

——洛克（John Locke），《論人類的理解》

（*Essay Concerning Human Understanding*, 1690）

　　近來人們習慣在需要的時候就用得到電腦，然而 1940 年代時在貝爾電話公司實驗室工作的研究員漢明（Richard Hamming）可就沒那麼幸運了，需要用的電腦被其他部門使用，只有週末才輪得到他，可想而知當電腦讀取資料卻一再當機時，他那種無語問蒼天的感覺。漢明本人是這麼說的：

> 我連續兩個週末進公司，發現我所有的東西都當掉了，什麼進展也沒有。我真的很火大，因為我急著要答案，而且已經浪費了兩個週末。於是我說：「媽的，如果機器能偵測錯誤，為什麼不能把錯誤的位置定位然後改正呢？」

還有幾個更明確的例子，說明「需要為發明之母」。漢明不久就創造出有史以來第一個錯誤更正碼（error-correcting code）——這個看似神奇的演算法，能偵測並且改正電腦資料的錯誤，少了這些碼，今日的電腦和通訊系統無論在速度、運算能力和可靠度方面都將遜色許多。

偵錯與改正的必要性

電腦有三種基本功能。最重要的功能是計算，電腦在資料輸入後，必須以某種方式轉換資料以產生出答案，但是如果少了儲存資料和轉換資料這兩個功能，電腦基本上是無用的。（電腦

大多將資料儲存在記憶體和硬碟裏，而且通常透過網際網路來傳輸資料。）想像一台電腦既不能儲存也無法傳輸資訊，當然幾乎是廢物了。就好像你可以做一些複雜的計算（例如替公司準備一份精確的財務預算試算表），但在那之後你無法將結果寄給同事，甚至無法儲存結果以便日後修改！因此資料的傳輸和儲存對現代電腦來說實在是非常非常重要。

　　但是資料的傳輸和儲存面對一個巨大挑戰：資料必須是完全正確，因為在許多情況下即使只是一個微小的錯誤，都可能使資料變成廢物。人們經常需要正確無誤地儲存和傳輸資訊，例如當你寫下某人的電話號碼時，必須正確記錄每個數字及其順序，如果一個數字錯了，這個電話號碼對你或任何人來說就幾乎是毫無用處。有時資料錯誤比資料無用更嚴重，例如儲存電腦程式的檔案若是有錯，可能導致那個程式當掉或者做出不該做的事情（甚至可能刪除一些重要檔案，或是在你還來不及將工作存檔前就當掉）。在一些財務檔案中的錯誤，可能會造成實質的金錢損失（例如，你以為自己是用每股 5.34 美元買進股票的，其實成本是 8.34 美元）。

　　對人們來說，需要留存的無誤資訊在數量上並不多，而且只要仔細檢查就能避免例如銀行帳號、密碼、電郵信箱等重要資訊出錯；但是，電腦需要正確無誤地儲存和傳輸的資訊量絕對是很龐大的。至於到底有多龐大，假設你擁有的某種電算裝置有 100G 的儲存容量，這 100G 就相當於一千五百萬頁的文

字，即使這台電腦的儲存系統在每一百萬頁當中只犯一個錯，在容量滿載的情況下仍然平均會有 15 個錯誤。資料傳輸也是如此，如果你下載 20MB 的軟體程式，你的電腦在接收的每一百萬個字元中只出現一個讀取錯誤，你下載的軟體還是會有超過 20 個錯誤，而每一個錯誤可能會在你最意想不到的時候，造成嚴重當機而帶來嚴重損失。

　　以上的例子說明，99.9999% 的正確率對電腦來說根本不算「好」。電腦必須分毫不差地儲存並傳輸數十億筆資訊，但是電腦就像其他設備一樣，必須應付傳輸問題。電話就是個好例子，電話顯然沒有分毫不差地傳輸資訊，因為電話的交談往往受到失真、靜電或其他雜訊的干擾；不僅如此，電纜線受制於各種不穩定的狀況，無線通訊總是受到干擾，硬碟、CD 和 DVD 等實體媒體可能因為灰塵等物體干擾，而被刮傷、毀損或讀取錯誤。在面對諸如此類明顯的傳輸失誤時，我們又如何期待失誤率會低於幾十億分之一呢？本章將揭開電腦零失誤背後的觀念。如果你使用了正確的技法，就連極不可靠的溝通管道都可以傳輸資料，且失誤率低到幾近於零。

重複的技法

在不可靠的管道上正確傳輸資料，最基本的技法就是大家都熟悉的「多傳幾次」。如果某人透過傳訊品質不良的電話告訴你

一個電話號碼或銀行帳號，你大概會要求對方至少再說一次，
以確保沒有聽錯。

　　電腦也可以。假設銀行想透過網路將你的帳戶餘額
5213.75美元傳給你，但不幸的是，網路很不可靠，每個數字
都有20%的出錯機率。所以它第一次傳過來的帳戶餘額可能
是5293.75，顯然你無從得知它是否正確，其中或許有一個或
幾個數字是錯的，而你無從分辨。但是只要使用重複的技法
（repetition trick），就可以相當程度地猜對正確餘額。假設你要
求傳輸帳戶餘額五次，結果收到以下回覆：

傳輸一： $ 5 2 9 3 . 7 5

傳輸二： $ 5 2 1 3 . 7 5

傳輸三： $ 5 2 1 3 . 1 1

傳輸四： $ 5 4 4 3 . 7 5

傳輸五： $ 7 2 1 8 . 7 5

　　其中，有幾次的傳輸有超過一個數字出錯，只有一次（第
二次）完全正確。重點是你無從得知錯在哪裏，所以你無法知
道第二次是正確答案。但是有一個方法，就是去檢視每一位數
在每次傳輸中最常出現的數字。以下列出各次傳輸的結果，並
且將最常出現的數字列在最後一行。

傳輸一：	$	5	2	9	3	.	7	5	
傳輸二：	$	5	2	1	3	.	7	5	
傳輸三：	$	5	2	1	3	.	1	1	
傳輸四：	$	5	4	4	3	.	7	5	
傳輸五：	$	7	2	1	8	.	7	5	
最常見的數字：	$	5	2	1	3	.	7	5	

　　所以，當我們檢視傳輸的第一個數字，看到第一到第四次傳輸的第一個數字都是5，第五次傳輸的第一個數字是7，換言之有四次傳輸顯示5，只有一次出現7。因此雖然你無法絕對肯定，但是你的帳戶餘額的第一個數字最有可能是5。接著來看第二個數字，發現2出現四次，4只出現一次，所以第二個數字最有可能是2。第三個數字就比較有意思了，因為這個數字出現三種可能，數字1出現三次，9出現一次，4出現一次，應用同樣的原理，1是最有可能的數字。以相同方式檢視所有數字，最後得到完整的銀行帳戶餘額5213.75美元，也就是正確答案。

　　但是，問題已經解決了嗎？某些方面來說是的，不過你也許在兩方面有點不滿意。首先，這個傳輸管道的錯誤率只有20%，有時電腦的傳輸管道可能更糟。第二或許更嚴重，上面例子的最後答案剛好是正確的，卻無法保證這種方法的答案永遠是對的，因為這只是根據我們認為最有可能的帳戶餘額所做

的猜測。幸運的是，我們只要把傳輸次數增加到足夠可靠的情況，這兩個問題就可以輕鬆搞定。

假設錯誤率是50%而不是之前例子的20%，你可以請銀行傳輸你的餘額1000次而不只是5次，接著我們把焦點擺在第一個數字上（其他數字也是用同樣方法）。既然錯誤率是50%，其中大約有一半會傳輸正確，另一半可能被改成某個隨機值。因此會有大約500次出現5，而其他每個數字（0-4和6-9）大約各出現50次。數學家能夠算出其他數字的出現次數大於5出現的次數的機率——即使我們用這個方法每一秒鐘傳輸一次的帳戶餘額，都必須等待好幾兆年我們才會猜錯一次帳戶餘額，換言之，只要重複一個不可靠的信息夠多次，就可以達到你想要的可靠度。（在這些例子中，我們假設錯誤是隨機發生的。如果有個不懷好意的傢伙刻意干擾傳輸，選擇性地製造錯誤，那麼重複的技法將變得不堪一擊。稍後介紹的幾種程式碼，即使在遇到這類惡意攻擊時也能發揮功用。）

因此，使用重複的技法就可以解決通訊不可靠的問題，而且實質上消除錯誤的機率。不幸的是，重複的技法對現代電腦系統而言還不夠好，在傳輸像帳戶餘額之類的小筆資料時，重複傳輸一千次並不會耗費太高成本，但是將200MB的軟體傳輸一千次就完全不可行，電腦顯然需要比重複的技法更加精緻的東西。

冗餘技法

其實電腦並不使用如上所述的重複技法，但我們還是先介紹給大家，再進入關於可靠通訊的最基本原理。這個基本原理是，我們不能只傳送原始訊息，還要傳送一些額外的東西來提高可靠度。在重複技法下，你傳送的額外東西就是更多份的原始訊息，但其實還有其他許多額外的東西可用來提高可靠度，電腦科學家稱之為「冗餘」（redundancy）。有時候冗餘會被加到原始訊息上，下一個技法（校驗技法）將說明這個「添加」的技術，但首先我們要探討另一種添加冗餘的方法，就是把原始訊息轉換成一個更長的冗餘物——原始的訊息被一個更長的訊息所取代。當你收到更長的訊息時，即使這個訊息因為通訊品質不良而失去原樣，你還是可以將它轉回原始版本，這稱為冗餘技法（redundancy trick）。

我們曾試圖透過不可靠的通訊管道（這個管道會隨機更改 20% 的數字），傳輸你的帳戶餘額 5213.75 美元，現在不光是要傳輸 5213.75，而是將這串數字轉換成一個更長（因此是冗餘）的訊息，其中包含了原始訊息在內。在本例中，我們只是用英文字來表達帳戶餘額，也就是

five two one three point seven five

接著假設這個訊息中有大約 20% 的字母，會因為通訊管道不良

而遭到隨機更改，於是訊息可能變成這樣

fiqe kwo one thrxp point sivpn fivq

雖然讀起來很彆扭，但你一定會同意只要是懂英文的人，就猜得到這個遭到更改的訊息代表的是你真正的帳戶餘額$5213.75。

　　此處的重點是，冗餘訊息使我們能夠可靠地偵測並更正這個訊息的任何改變。如果我告訴你，fiqe代表英文的某個數字而且其中只有一個字母被改變了，你絕對可以確定原始訊息是「5」，因為沒有其他英文的數字能夠只改變fiqe當中的一個字母。相反地，如果我告訴你數字367的其中一個數字被改變了，你無從得知正確答案是多少，因為在這個訊息中沒有冗餘的存在。

　　雖然我們尚未探索冗餘究竟是如何發揮作用，但我們已經知道冗餘跟加長訊息有關，而且訊息的每個部分應該遵循某種熟知的模式，如此一來，任何一個改變可以在第一時間被找出來（因為它不符合已知模式）然後改正（只要更改錯誤的地方以合乎模式）。電腦科學家稱這些已知的模式為「數碼文字」（code words），在我們的例子中，數碼文字就是用英文寫成的數字，如one、two、three等。

　　現在來解釋冗餘技法究竟如何運作。訊息都是由電腦科學家所謂的符號（symbol）所組成，在我們的簡單例子中，符號是數字0-9（此處為了進一步簡化，省略金錢符號和小數點），

每個符號被指定一個數碼文字，符號 1 被指定的數碼文字是「one」，2 是「two」，依此類推。

　　傳輸訊息時，首先將每個符號轉譯成相應的數碼文字，接著透過不可靠的通訊管道傳送轉換後的訊息。接收訊息時，你觀察訊息的每個部分，檢查是不是有效的數碼文字，如果是（例如 five），只要將它轉回至相應的符號（例如 5）即可，如果不是有效的數碼文字（例如 fiqe），你就找出它最接近哪一個數碼文字（在此例中是 five），接著轉成相應的符號（5）。圖 5-1 說明這種數碼的使用。

圖 5-1

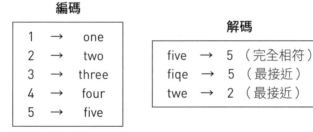

用英文代表數字的碼。

　　就像這樣，電腦真的都是用這種冗餘技法來儲存和傳輸資訊。數學家已經做出比上例英文字更花俏的數碼文字，但除此之外都是以類似的原理來達到可靠的電腦傳輸。圖 5-2 是真實案例，這個碼是電腦科學家所謂的（7,4）漢明碼，也是漢明在

圖 5-2

編碼

解碼

```
0000 → 0000000
0001 → 0001011          0010111 → 0010（完全相符）
0010 → 0010111          0010110 → 0010（最接近）
0011 → 0011100          1011100 → 0011（最接近）
0100 → 0100110
```

這是電腦實際使用的一種碼，電腦科學家稱之為（7,4）Hamming code。請注意，編碼欄只列出 16 個可能的四位數輸入資料之中的 5 種，其他輸入資料也有相應的數碼文字，只是在此省略。

1947 年貝爾實驗室中發現的碼之一，目的是為了解決週末電腦當機的問題。（因為貝爾要求漢明替這些碼申請專利，因此漢明直到三年後的 1950 年才公開這些碼。）和前面提到的碼最明顯的差異是，它全部都是由 0 和 1 構成，因為電腦儲存和傳輸的每一筆資料都會被轉換成一串串 0 和 1，因此現實生活中所使用的碼也只能使用這兩個數字。

但除此之外，所有原理跟前面一樣。編碼的時候，每一組的四個數字都添加了冗餘，於是產生出七碼的數碼文字。解碼時，首先尋找完全符合的情況，如果找不到就退而找最接近的。你或許會擔心現在只有 0 和 1 兩種數字，萬一有不只一組同樣接近的答案，我們可能就會解碼錯誤。不過這一組碼經過精心的設計，可以讓七碼的數碼文字中任何一個錯誤都能被清

楚明瞭地改正。關於這種碼的這個特質背後有些精彩的數學原理，但此處不談細節部分。

　　冗餘技法在實務上比重複的技法更受青睞，主要在於這兩種技法的相對成本。電腦科學家會從「經常費用」（overhead）的角度來衡量糾錯系統的成本，經常費用就是為了確保訊息被正確接收而額外傳送的資訊量。重複技法的經常費用非常可觀，因為你必須多次傳送整個訊息；而冗餘技法的經常費用則是看你使用哪一種數碼文字而定，上面使用英文字的例子中，冗餘訊息有35個字元的長度，原始訊息則只包含6個數字，因此冗餘技法的經常費用也相當大。但數學家已經做出好幾組冗餘度低很多但偵錯效能很高的數碼文字，這些數碼文字的經常費用很低，這也是電腦使用冗餘技法而不使用重複技法的原因。

　　以上所談到的例子都是以「碼」來傳送資訊，但是這些都可適用於儲存資訊。實務上，CD、DVD和電腦硬碟都大量仰賴偵錯碼以達到高可靠度。

校驗技法

以上探討的重複技法和冗餘技法，都是同時偵錯和糾錯資料的方法，但另一種可能的解決之道是忘掉糾錯這件事，把焦點只擺在偵錯上。（十七世紀的哲學家約翰‧洛克顯然察覺到偵錯和糾錯的區別，從本章開頭的引述就看得出來。）對於許多應

用來說，光是偵測到錯誤就已足夠，因為如果偵測到錯誤，只要要求對方再給一次資料即可，而且可以一直重複要求，直到拿到沒有錯誤的資料為止。這是個很常用的策略，網路上幾乎都用這種技術，我們稱之為「校驗技法」（checksum trick）。接下來說明理由。

　　為了了解校驗技法，比較方便的做法是假設所有訊息只有數字，這是個非常實際的假設，因為電腦以數字形式儲存所有資訊，而後再將數字轉譯成文字或影像呈現給人類。但是，針對訊息選定的所有特定符號並不影響本章說明的技術，有時使用數字符號（0-9）會比較方便，有時則是字母符號（a-z）比較方便，總之我們可以在不同組的符號之間，針對轉譯達成一些共識。例如從字母符號轉譯成數字符號的直接方法，就是將a轉譯成01，b轉譯成02，以此類推至z轉譯成26，因此是否研究出傳輸數字訊息或字母訊息的技術並不重要，技術在稍後可以被應用到任何型態的訊息，只要首先針對符號製作出一套簡單、固定的轉譯方式即可。

　　校驗的型態有許多種，但我們暫且只探討最單純的校驗型態，即「簡單校驗」（simple checksum）。計算數字訊息的簡單校驗非常容易，只要把訊息的數字加總，只保留結果的最後一碼數字，而這個數字就成了簡單校驗碼。舉例來說，訊息是

46756

將各個數字加總，也就是 4+6+7+5+6=28，但只保留最後一碼
數字，所以這個訊息的簡單校驗碼是 8。

校驗碼的使用方式很簡單，只要把原始訊息的校驗碼附加
在訊息尾端再寄出即可，接收的一方收到訊息時再次計算校驗
碼，與你傳送的校驗碼比對看看是否正確，換言之他們是「校
對」並且「驗證」訊息，因此才稱為「校驗」。繼續上面的例
子，訊息「46756」的簡單校驗碼是 8，所以訊息加上校驗碼就
變成了

4 6 7 5 6 8

假設收到訊息的一方知道你使用的是校驗技法，因此立即知
道最後一碼數字 8 不是原始訊息的一部分，於是先將 8 擺在
一邊，計算 46756 的校驗碼。如果訊息傳輸正確，就會算出
4+6+7+5+6=28，保留 28 的最後一個數字（8），檢查發現與訊
息早先附加的數字相同，因此研判傳來的這個訊息是正確的。
如果訊息傳輸出錯呢？假設 7 被隨機改變成 3，於是對方會收
到這樣的訊息

4 6 3 5 6 8

接著把 8 先擱置一旁以供校驗，計算出校驗碼 4+6+3+5+6
=24，保留最後一個數字（4），與早先擺在一邊的校驗碼 8 不
同，因此可以確知這個訊息在傳輸過程遭到竄改，你可以要求

重新傳輸訊息，等接收到後再度計算並比對校驗碼。你可以一直重複，直到所收到訊息的校驗碼是正確的。

　　這一切似乎完美到不像是真的。還記得糾錯系統的「經常費用」，就是訊息本身以外額外傳送資訊的數量，此處的經常費用似乎低到不能再低，因為無論訊息多長，只需要添加一個數字（校驗碼）來偵測錯誤即可！

　　結果，這個簡單校驗系統並不完美。問題在於，這個方法最多只能偵測訊息中的一個錯誤，如果錯誤不只一個，簡單校驗可能偵測得到，也可能偵測不到。來看一個例子。

						校驗碼
原始訊息	4	6	7	5	6	8
訊息有一個錯誤	1	6	7	5	6	5
訊息有兩個錯誤	1	5	7	5	6	4
訊息有兩個錯誤	2	8	7	5	6	8

　　原始訊息跟之前的一樣，都是46756，所以校驗碼是8。下一行是有一個錯誤的訊息（第一個數字是1而不是4），於是校驗碼變成5，事實上你大概可以確信改變任何單一數字都會導致校驗碼不等於8，於是你一定可以偵測到訊息中任何單一的錯誤。要證明這一點永遠為真並不難，如果只有一個錯誤，簡單校驗保證能偵測到。

　　圖表的再下一行是一個訊息中有兩個錯誤，也就是前面兩

個數字被改了導致校驗碼變成 4，由於 4 不等於原始校驗碼 8，收到這個訊息的人將會偵測到訊息中有錯誤。真正的麻煩出在最後一行，這次的訊息也有兩個錯誤，也是出在前兩個數字，但是數值和前一個訊息不同，說巧不巧地校驗碼剛好跟原始訊息的校驗碼同樣為 8，於是收到訊息的人將無法偵測到訊息中有誤。

　　幸好只要在校驗技法上再添加幾個「機關」，就可以迴避這個問題。第一步是定義一種新型態的校驗碼，姑且稱之為「階梯式」校驗碼，原因是計算的時候把它想像成爬樓梯會很有幫助。想像你在階梯的最底端，每一格樓梯被標上 1,2,3 的數字，若想計算階梯式的校驗碼，你要跟之前一樣把數字加起來，只是每個數字要先乘以你所在的那一格階梯，之後再相加，而每一個數字都是拾階而上。最後只保留結果的最後一個數字，這點和簡單校驗法相同。所以如果訊息跟之前同樣是

　　46756

階梯式校驗碼的計算方式，是首先計算階梯的總和

$$(1\times4)+(2\times6)+(3\times7)+(4\times5)+(5\times6)=4+12+21+20+30=87$$

接著只保留最後一碼，也就是 7。所以 46756 的階梯式校驗碼是 7。

　　重點是，如果你把簡單和階梯式校驗碼一併納入，就保證

能偵測到任何訊息中的任何兩個錯誤,於是現在的校驗技法變成傳輸原始訊息時要附加兩個數字,首先是簡單校驗碼,接著是階梯式校驗碼,例如訊息46756現在就以4675687被傳輸。

你收到訊息時,再次需要根據先前的共識知道究竟是使用哪種技法,假設你確實是知道的,就很容易像簡單校驗技法那樣檢查錯誤,這時你首先把最後兩碼放在一邊(也就是簡單校驗碼的8和階梯式校驗碼的7),接著計算其餘數字的簡單校驗碼(46756的簡單校驗碼為8),然後計算階梯式校驗碼(得出7),如果算出來的校驗值與傳送的吻合,就可以保證訊息正確,不然就是至少有三個錯誤。

以下說明實際應用。這個圖表除了每一行多了階梯式校驗碼以及多添一行舉例,其他與前面的圖表相同。在有一個錯誤的情況下,簡單校驗碼和階梯式校驗碼(分別是5和4)都與原始訊息(分別是8和7)的不相同;出現兩個錯誤時,兩種校驗碼可能都不相同,如第三行的4和2。但是從前面的例子中得知,有時簡單校驗碼在出現兩個錯誤時並不會改變,第四行即說明簡單校驗碼依然是8。但是因為階梯式校驗碼不同於原始訊息(成了9而非正確的7),因此我們還是知道這個訊息中有錯。最後一行中我們看到另一種情況,也就是訊息有兩個錯誤導致簡單校驗碼不同(成了9而非正確的8),但階梯式校驗碼相同(都是7)。重點在於我們還是可以偵測到錯誤,因為兩個校驗碼當中至少有一個與原始訊息不同,雖然需要一點

技術性的數學來證明，但這並非湊巧：只要出現不超過兩個錯誤，你永遠能夠用這個方法偵測出來。

						簡單 校驗碼	階梯式 校驗碼
原始訊息	4	6	7	5	6	8	7
訊息有一個錯誤	1	6	7	5	6	5	4
訊息有兩個錯誤	1	5	7	5	6	4	2
訊息有兩個錯誤	2	8	7	5	6	8	9
訊息有兩個錯誤	6	5	7	5	6	9	7

現在要注意的是，以上敘述的校驗技法只有對相對短（少於十碼）的訊息才保證奏效。儘管如此，類似的概念也可適用於較長的訊息，我們可以根據簡單運算的特定順序來定義校驗法，例如將數字相加、把數字乘以各種不同形狀的「階梯」、根據某個固定型態將其中幾個數字換位子等，雖然聽起來很複雜，電腦卻能以飛快速度計算這些校驗碼，結果成為偵測訊息錯誤的一種極有用且實用的方法。

上面描述的校驗技法只製造出簡單和階梯式兩種校驗碼，但真正的校驗技法通常製造出更多數碼來，有時多達一百五十碼。（本章的剩餘篇幅中，我談論的都是十進位數字0-9，而不是二元進位的數字0和1，後者比較常用在電腦通訊上）。重點是，校驗碼的位數是固定的（無論是前面例子的兩個校驗

碼，或實務上多達一百五十碼的校驗碼）。雖然所有已知的校驗演算法所製造出來的校驗碼長度固定，你還是可以計算任意長度訊息的校驗碼，因此，對於非常長的訊息來說，即使像一百五十碼這種相對大的校驗碼，到頭來相對於訊息本身都顯得微不足道了。例如你使用一百碼的校驗碼來確認從網路下載的20MB的套裝軟體是否正確，校驗碼所佔的記憶體空間還不到套裝軟體的十萬分之一！你一定會同意這是可以接受的經常費用，而數學家會告訴你，在使用這麼長的校驗碼偵測錯誤時，偵測不到錯誤的機率小到不可能發生。

　　這裏還是有幾個重要的技術性細節。任何一百碼的校驗系統，其實並不具有如此高的失敗抗性，它需要電腦科學家所說的加密雜湊函數（cryptographic hash function）的某種校驗型態，尤其是當訊息遭到敵人惡意的篡改，而不是通訊品質不良所導致的隨機性改變時。真實生活中極可能發生這種情況，因為不懷好意的駭客可能試圖改變20MB的套裝軟體，而導致出現一百碼的校驗碼完全相同，但其實是另一份不同的軟體，而且這個軟體試圖控制你的電腦！使用加密雜湊函數就能消除這種可能性。

定點目標技法

了解校驗技法後，讓我們再回到一開始的偵測同時糾正通訊錯

誤的問題。我們已經知道可以無效率地使用重複技法，或有效率地使用冗餘技法來達到目的。但是，我們還不知道如何創造出這個技法中最關鍵的數碼文字。我們確實曾經使用英文字來描述數字，但這種數碼文字的效率比不上電腦真正使用的數碼文字，此外我們也看到漢明碼的例子，但還沒有解釋數碼文字一開始究竟是如何產生的。

　　現在我要介紹另一組可以應用在冗餘技法的數碼文字。由於它算是冗餘技法中快速鎖定錯誤的極端特例，因此我們稱之為「定點目標技法」（pinpoint trick）。

　　和校驗技法一樣，訊息都是由0-9的數字構成，但你必須記住這只是為了方便起見。將字母訊息轉換成數字非常簡單，因此這裏介紹的技巧可以被應用到任何訊息上。

　　為了簡化起見，假設訊息剛好16碼長，但這不會造成這個技巧在實務運用上的限制——如果你的訊息很長，只要將它細分成16碼為單位的小塊，分別針對每一小塊處理即可；如果訊息短於16碼就用零填滿，直到成為16碼。

　　定點目標技法的第一步，是把16碼的訊息重新排列組合成一個從左讀到右、從上讀到下的正方形，所以如果真正的訊息是

4 8 3 7 5 4 3 6 2 2 5 6 3 9 9 7

就把它重新組合成：

4	8	3	7
5	4	3	6
2	2	5	6
3	9	9	7

接著，計算每一行的簡單校驗碼，將它放在每一行的最右邊：

4	8	3	7	2
5	4	3	6	8
2	2	5	6	5
3	9	9	7	8

這些簡單校驗碼的計算方式和之前一樣，例如第二行的校驗碼是5+4+3+6=18，然後只取最右邊的一碼，也就是8。

定點目標技法的下一步，是計算每一欄的簡單校驗碼再加到每一欄的最後面，也就是

4	8	3	7	2
5	4	3	6	8
2	2	5	6	5
3	9	9	7	8
4	3	0	6	

這次的簡單校驗碼還是跟以前一樣，例如第三欄的簡單校驗碼是將3+3+5+9=20，只取最右邊的一碼，也就是0。

定點目標技法的下一步是重新排序，以便一次儲存或傳輸一碼，做法很直接，就是將數字從左讀到右、從上讀到下，於

是最後的24碼訊息變成：

4 8 3 7 2 5 4 3 6 8 2 2 5 6 5 3 9 9 7 8 4 3 0 6

接著，想像你收到一個用定點目標技法傳送的訊息，你該用什麼步驟解開原始訊息，並且更正任何通訊錯誤呢？首先，原始的16碼訊息和前面一樣，但假設發生一個通訊錯誤導致其中一碼被更改，先別管錯的是哪一碼，我們很快就可以用定點目標技法判斷。

　　先假設你收到的24碼訊息是：

4 8 3 7 2 5 4 3 6 8 2 7 5 6 5 3 9 9 7 8 4 3 0 6

第一步是將數字排列成長寬各五的正方形，其中最後一欄和最後一行對應到和原始訊息一起傳送的校驗碼。

4	8	3	7	2
5	4	3	6	8
2	7	5	6	5
3	9	9	7	8
4	3	0	6	

接著，計算每一行和每一欄前四個數字的簡單校驗碼，在你收到的校驗碼旁邊各增加一行和一欄，記錄你計算的結果。

4	8	3	7	2	2
5	4	3	6	8	8
2	7	5	6	5	0
3	9	9	7	8	8
4	3	0	6		
4	8	0	6		

務必記住這裏有兩組校驗碼，一組是你收到的，一組是你算出來的。兩組校驗碼多半會是相同的，如此就可以斷定訊息很可能是正確的。如果其中出現通訊錯誤，計算出來的校驗碼當中會有幾個和你收到的不同，例如這裏就出現兩個差異，包括第三行的5和0，以及第二欄的3和8。於是出問題的校驗碼如下所示。

4	8	3	7	2	2
5	4	3	6	8	8
2	7	5	6	5	[0]
3	9	9	7	8	8
4	3	0	6		
4	[8]	0	6		

　　妙就妙在這裏：差異發生的位置，會告訴你通訊誤差確實發生在哪裏！換言之，通訊誤差必定是出現在第三行（因為其他每一行的校驗碼都正確），同時也必定發生在第二欄（因為其他每一欄的校驗碼都正確）。如此一來，錯誤就縮小到下圖中的一個可能性，也就是方格子圈住的7。

```
4  8  3  7 | 2  2
5  4  3  6 | 8  8
2 [7] 5  6 | 5 [0]
3  9  9  7 | 8  8
4  3  0  6 |
4 [8] 0  6 |
```

但事情還沒完。我們把錯誤定位了，但還沒有更正。幸好這並
不難，只要把錯誤的 7，改成會使兩組校驗碼都正確的數字即
可。我們看到第二欄的校驗碼應該是 3 才對，結果卻成了 8，
換言之校驗碼要減去 5。於是將錯誤的答案 7 減去 5，得到 2。

```
4  8  3  7 | 2  2
5  4  3  6 | 8  8
2 [2] 5  6 | 5 [5]
3  9  9  7 | 8  8
4  3  0  6 |
4 [3] 0  6 |
```

你甚至可以驗算，現在第三行的校驗碼和接收到的同樣是 5，
因此錯誤被定位而且被更正了。最後一個步驟很簡單，就是將
更正過的 16 碼訊息從 5 乘以 5 的正方形中取出，順序是從上讀
到下、從左讀到右（並且忽視最後一行和最後一欄），於是成
了

4 8 3 7 5 4 3 6 2 2 5 6 3 9 9 7

和一開始的訊息完全相同。

電腦科學的定點目標技法被稱為二維校驗（two-dimensional parity）。二維校驗和簡單校驗的意義相同，電腦在處理二進位數字時一般會使用，而校驗之所以是二維，是因為訊息是以行和欄的二維空間展開。二維校驗被用在一些電腦系統上，但它不如某些冗餘技法來的有效，我選擇介紹二維校驗的原因是，這種方法很容易視覺化，無須當今電腦系統常用的碼背後運用的複雜算式，卻能發現並更正錯誤。

真實世界中的糾錯與偵錯

糾錯碼是出現於電子計算機誕生後不久的1940年代，如今觀之理由不難理解。早期電腦相當不可靠而且零件經常造成錯誤，但是糾錯碼早在更早的電報和電話通訊系統中就已經存在，也難怪促成糾錯碼誕生的兩大事件都是發生在貝爾電話公司的實驗室，兩位主角夏農（Claude Shannon）和漢明都是貝爾實驗室的研究人員。前面提到漢明是因為不滿公司的電腦老是在週末當機，所以才發明了第一套糾錯碼，也就是如今所知的漢明碼。

不過，糾錯碼只是資訊理論（information theory）的一部分，而大部分的電腦科學家將資訊理論的誕生，追溯至夏農於1948年所寫的一篇論文。這篇石破天驚的論文名為〈通訊的

數學理論〉（Mathematical Theory of Communication），在夏農的一本傳記中被形容為「資訊年代的大憲章」，李德索羅門碼（Reed-Solomon codes）的共同發明人李德（Irvine Reed）說這篇論文：「在科學和工程領域，極少有作品比它更具影響力。透過這篇劃時代的論文……他讓通訊的理論和實務改頭換面。」為何給予如此高的評價？因為夏農用數學證明了，在充滿雜訊且容易出錯的通訊品質下要達到極高比率的零失誤通訊，在理論上是可能的。然而要到幾十年後，科學家才總算在實務上接近夏農理論的最大通訊率。

　　夏農顯然是個興趣廣泛的人。他一方面是1956年達特茅斯人工智慧大會的四巨頭之一（第六章末尾將說明），對人工智慧的奠基也著墨甚深，不僅如此夏農還會騎獨輪車，甚至用橢圓形的輪子造了一台令人匪夷所思的獨輪車，在車子前進的同時，騎車的人會上下移動！

　　夏農的研究提升了漢明碼在理論上的深度和廣度，而且為更進一步的發展鋪路。漢明碼於是被用在一些最早期的電腦上，且如今依舊被某幾型的記憶體系統廣泛使用；另一類重要的碼則是李德索羅門碼，這種碼可以被用來更正每一個數碼文字的大量錯誤。（相對來說，（7,4）漢明碼只能更正七碼數碼文字中的一個錯誤。）李德索羅門碼是根據有限場代數（finite field algebra）這個數學分支而來，但你可以大致將這些碼想像成兼具階梯式校驗碼和二維定點目標技法的特質。李德索羅門

碼被用在CD、DVD和電腦硬碟上。

校驗技法在實務上也獲得廣泛使用，通常是用來偵錯而非更正，或許最為人知的要屬乙太網（Ethernet），世界各地幾乎所有電腦都使用這種通訊協定，乙太網是採用一種名叫CRC-32的校驗技法來偵錯。至於傳輸控制協定（Transmission Control Protocol，TCP）這種最常見的網際網路通訊協定，也將校驗技法用在傳送的每一個封包資料上——校驗碼錯誤的封包會直接被扔掉，因為TCP的設計是在必要時會自動重新傳輸。網路上公開的套裝軟體經常用校驗技法來認證，常用的包括MD5以及SHA-1，兩種都是加密雜湊函數，防止軟體受到惡意更改和隨機的通訊錯誤。MD5校驗碼約有40碼，SHA-1則約50碼，同一個族群的校驗碼當中甚至有更多防錯校驗碼，像是SHA-256有大約75碼，SHA-512有大約150碼。

糾錯和偵錯碼的技術日新月異。1990年代以來，一種名叫低密度校驗檢查碼（low-density parity-check codes）的方法相當受到關注，如今這種碼被應用到衛星電視乃至太空探測的通訊。下次當你週末觀賞高解析度衛星電視的時候，不妨想想這個有趣又諷刺的事實——當初就是因為漢明每到週末和電腦奮戰的挫折感，如今我們才得以在週末擁有屬於自己的娛樂。

第6章

模式辨識：

從經驗中學習

分析引擎並不以原創者自居，它只會做人類知道如何命令它做的事。

——愛達‧勒芙蕾絲（Ada Lovelace），

出自她1843年關於分析引擎的筆記

　　前面的每一章都在探討電腦遠比人腦厲害的領域，例如電腦能在一兩秒內對大型檔案加密或解密，人類卻要花好幾年才能用手完成相同的計算。舉個更極端的例子，想像人類要花多久時間，才能以人工方式根據第 3 章描述的演算法來計算數十億個網頁的「網頁排序」！實務上這項工程對人類而言龐大到不可能，然而卻是網路搜尋公司的電腦一直在做的運算。

　　本章則是要檢視人類天生具有優勢的領域之一，也就是模式辨識（pattern recognition）。模式辨識屬於人工智慧（artificial intelligence）的一部分，包含人臉辨識、目標辨識、語音辨識及手寫辨識等，例如判斷某張相片中的人是不是你的姊妹，或者手寫在信封上的地址是在哪個城市和哪一州。因此，模式辨識的一般定義是，要求電腦根據含有許多變異性的輸入資料，採取「有智能」（intelligent）的行動。

　　「有智能」之所以用括號是有原因的——電腦能否展現真正的智能是個極具爭議性的問題。本章一開始所引述的話，正是這場辯論最早期的論述之一，是勒芙蕾絲（Ada Lovelace）於 1843 年對於一台被稱為「分析引擎」（Analytical Engine）的機械式電算機的設計，所做的評論。她強調電腦缺乏原創性，也就是說，電腦必須像奴隸一般遵循程式設計師的指令。如今科學家們對於電腦在原則上能否展現智能可說是意見分歧，而一旦哲學家、神經科學家和神學家也進來攪和，辯論就變得更加複雜了。

　　幸好本書無須解決機器智能的矛盾問題。為符合本書的主旨，最好用「有用」來取代「智能」，因此模式辨識的基本任務，就是運用某些極具變異性的資料——例如在不同燈光下不同人臉的相片，或是由許多不同人手寫的不同文字——來做一些有用的事。人類毫無疑問能運用智能來處理類似資料，我們能分毫不差地辨識人臉，閱讀幾乎任何人的手寫字跡，而不用事先看過他們的手寫樣本，然而電腦在類似任務上遠遜於人類。話雖如此，目前已經有一些高明的演算法使得電腦在特定的模式辨識任務上有良好表現，本章將介紹其中三個演算法，包括最近鄰居分類法（nearest neighbor classifier）、決策樹（decision tree）以及人工神經網路（artificial neural networks，又稱類神經網路）。首先我們需要對我們想解決的問題，做出更合乎科學精神的描述。

問題是什麼？

　　乍看之下，模式辨識的任務似乎是上天下海無所不包。電腦能不能光憑著一些模式辨識的技術，就能辨識出手寫字跡、人臉、語音等等？其中一個可能的答案就是拚命學習人類怎麼做。人腦能夠以極快的速度和精準度完成各種辨識任務，但是我們能不能寫個電腦程式來做同樣的事呢？

　　在討論這種程式使用的技術前，我們要先把各式各樣的任

務整理一下，接著為我們想解決的單一問題給出一個定義。這裏的標準做法是，**將模式辨識視為一種分類的問題**。假設我們要處理的資料被分成大小適當的「樣本」，每個樣本要歸屬於一堆可能類別中的一類。例如在人臉辨識的問題中，樣本就是某張臉的一張圖片，而類別就是系統能夠識別出那個人的身分（identity）。有些問題的分類只有兩類，常見的例子如某種疾病的醫療診斷，兩種分類是「健康」和「生病」，至於每個資料樣本則可能包含單一病患的所有檢查結果（例如血壓、體重、X 光片等等）。因此，電腦的任務就是處理從未見過的新資料樣本，然後將每個樣本歸屬到可能的類別中。

　　讓我們更具體一些，來看一個模式辨識的任務。這是辨識手寫數字的任務，圖6-1是一些典型的資料樣本，在這個問題中是分成十類，也就是數字0、1、2、3、4、5、6、7、8、9，所以任務是將手寫數字的樣本分到這十類中。這在實務上當然是很重要的問題，因為郵遞區號在美國等國家的郵政中是很重要的一個訊息，如果電腦能快速準確地辨識郵遞區號，機器就可以比人類更有效率地將郵件分類。

　　電腦對於手寫數字的樣子顯然不具有內建的知識，其實人類也沒有。人類從別人所教的加上自己看到的例子中，才學會辨識數字和其他手寫的字，這兩種方法（別人教導以及自己從例子中學習）也被用在電腦的模式辨識上，但是除非是最單純的任務，否則教導電腦是無效率的。例如我們可以把自家的溫

圖 6-1

大部分的模式辨識任務，可以看成是分類的問題。此處的任務是將每個手寫數字分到0,1,2,3,4,5,6,7,8,9的類別中。資料來源：MNIST data of LeCun et al. 1998。

度控制想成是一個簡單的分類系統，資料樣本包括目前的溫度和時間，三個可能的分類則是「暖氣開放中」、「冷氣開放中」以及「兩者都不開」。由於我白天到辦公室工作，於是將白天

設定為「兩者都不開」；而在家的時間，如果溫度太低就設定為「暖氣開放中」，溫度太高則是「冷氣開放中」。因此在設定溫度的過程中，我已經或多或少是在「教導」系統如何將狀況歸類到三類當中的哪一類。

　　不幸的是，沒有人能直接「教」電腦如何解決更有趣的分類任務，例如像圖6-1的手寫數字。因此，電腦科學家轉向另一個策略，就是讓電腦自動「學會」對樣本分類，基本策略是餵給電腦大量已貼上標籤的資料，也就是已經被分類好的樣本。圖6-2顯示關於手寫數字的已分類樣本，由於每個樣本都帶了個標籤（也就是所屬的類別），電腦於是可以利用各種分析技法來擷取每個類別的特徵，稍後在遇到沒貼標籤的樣本時，電腦就可以將沒貼標籤的樣本與已貼上標籤的資料的特徵進行比對，選擇最接近者做為它的分類。

　　學習每個類別具備哪些特徵的過程常常被稱為「訓練」（training），被貼上標籤的資料則是「訓練用的資料」（training data）。所以，模式辨識的任務被區分成兩階段：在訓練階段中，電腦從貼了標籤的訓練資料來熟悉各個類別，之後在分類階段中，電腦針對未貼標籤的資料樣本來進行分類。

最近鄰居技法

以下是個有趣的分類任務。你能不能光憑著一個人的住家門

圖 6-2

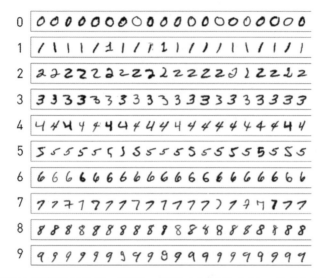

為了訓練電腦進行分類，需要一些貼上標籤的資料。此處每個資料
樣本（每個手寫數字）都附帶一個標籤，指明屬於0到9的哪一個數
字。標籤在左邊，而訓練用的樣本則在方框當中。資料來源：MNIST
data of LeCun et al. 1998。

牌，就預測出這個人會捐錢給哪一個政黨？顯然這是個無法百
分之百精確的分類任務，即使是人類，門牌也不足以用來判斷
政黨屬性。儘管如此，我們想訓練一個分類系統，能夠單憑住
家門牌就預測某人最可能捐錢給哪一個政黨。

　　圖6-3說明可以用在這個任務上的幾個訓練資料。圖上顯
示2008年美國總統選舉期間，堪薩斯州某住宅區的實際捐款情

圖 6-3

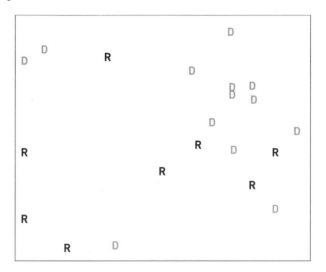

預測政黨捐款所使用的訓練資料。「D」代表捐錢給民主黨的家
戶,「R」代表捐錢給共和黨。資料來源:《赫芬頓郵報》募款計畫
(Fundrace project, Huffington Post)。

形,為了簡化起見,圖上不顯示街道,但每個捐了錢的住家其
實際的地理位置是正確的。捐給民主黨的住家被標上 D,捐給
共和黨的則標上 R。

　　以上是訓練用的資料。現在當你拿到一份待分類的樣本,
該怎麼處理呢?圖 6-4 具體說明,其中訓練用的資料和前面的
一樣,但除此之外有兩個地點被標上問號。先看上面的那個問
號。光是瞄一眼而沒有做任何科學驗證的情況下,你會猜這個

圖 6-4

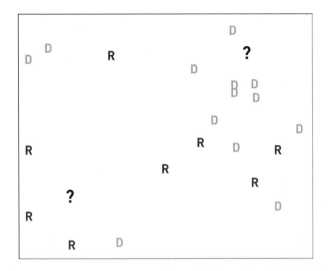

使用最近鄰居技法的分類。圖中的問號被歸入與最近鄰居相同的類別，上面的問號是「D」，下方則是「R」。資料來源：《赫芬頓郵報》募款計畫。

問號最可能被分到哪一類？這個問號的四周似乎都是捐給民主黨，因此分類到民主黨似乎相當可能。那麼左下方的另一個問號呢？這個問號的周遭不完全是捐款給共和黨，但確實比較像是在共和黨而非民主黨的地盤上，因此推測捐給共和黨會比較合理。

　　信不信由你，我們剛才已經練習了人類所發明的最具威力且有用的模式辨識技巧，電腦科學家稱之為「最近鄰居分類

器」（nearest-neighbor classifier），用最簡單的方式說，這個最近鄰居技法（nearest-neighbor trick）正如其名，當你拿到一份未分類的樣本時，首先尋找訓練用資料中最接近的樣本，將這個最近鄰居的分類當作你的預測。圖6-4是猜測每個問號最接近的答案。

　　比這個技法稍微細緻一點的是「K-最近鄰居」，其中的K是3或5之類的較小數字，也就是檢視問號周遭K個最近的鄰居，再選擇這些鄰居當中最常見的分類。可參考圖6-5。圖上和問號最接近的鄰居捐錢給共和黨，所以最近鄰居技法的最簡單版本會將這個問號劃分到共和黨，但是如果使用三個最近的鄰居，會發現其中包括兩家捐給民主黨、一家捐給共和黨，因此在這一組鄰居中，捐款給民主黨的家戶較多，於是問號被分類到民主黨。

　　那麼，我們應該使用多少個鄰居呢？要視問題而定。通常實務界會試幾個不同的值看哪個最適合，這聽起來好像不太科學，卻反映了有效的模式辨識系統的現實狀況，也就是通常會結合數學見解、精準的判斷和實務經驗，來加以精心設計。

其他型態的最近鄰居

目前為止我們刻意選擇問題，以便對某個資料樣本成為另一個資料樣本的最近鄰居做出簡單且符合直覺的解釋。由於每個資料點都標示在地圖上，我們可以利用點與點之間的地理距離，

圖6-5

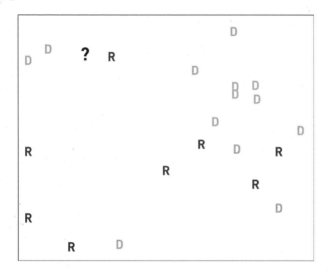

使用K個最近鄰居的例子。只使用單一最近鄰居時,問號被歸類至共和黨,但是在有三個最近鄰居的情況下,就成了民主黨。資料來源:《赫芬頓郵報》募款計畫。

得出哪幾點是最接近的。但是,當每個資料樣本都像圖6-1的手寫數字那樣時,就需要有一種方法來計算兩個手寫數字之間的「距離」。

基本的想法是:去衡量兩個數字形狀之間的差異,而不是數字和數字間的地理距離。差異會用百分比衡量,因此差異只有1%的圖像就是非常近的鄰居,而差異達99%的就是很遙遠的鄰居。圖6-6是明確的例子。(模式辨識的輸入資料往往經

圖 6-6

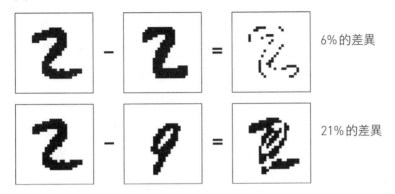

計算兩個手寫數字之間的「距離」。每一行中第一個圖像減去第二個圖像，結果是右邊的圖像，凸顯出兩個圖像之間的差異。兩者差異的百分比可以被視為原始圖像之間的「距離」。資料來源：MNIST data of LeCun et al.1998.

過特別的事前處理；在這裏每個數字重新依比例調整成一樣大小，並且處在圖像的中央位置。）在圖的最上面一行有兩個手寫的2，只要對這兩個圖像進行一種「減法」，就可以製造出右邊的圖像，也就是除了少數地方不同以外其他是一片白色。結果發現，黑色部分（差異）只占6%，因此這兩個手寫的2可說是相對近的鄰居。另外，在圖中的第二行，可以看到兩個不同數字（2和9）的圖像相減後的結果，右邊的差異圖像出現較多黑色的畫素，因為兩者之間的差異較多。結果這個圖像有大約21%是黑色，因此兩者不是特別近的鄰居。

　　了解如何找出兩個手寫數字之間的「距離」後,就不難替數字建立一個模式辨識系統。首先從大量的訓練用資料開始,就像圖6-2一樣,只是例子的數量更大些,典型的這類系統可能要用掉十萬個貼了標籤的例子。當系統拿到一個沒貼標籤的手寫數字時,就可以搜遍十萬個例子以找出這個待分類樣本的最近鄰居。記住,當我們說「最近鄰居」時,是指百分比差異最小的情況,計算方式如圖6-6。於是這個未被貼上標籤的數字,就被給予和最近鄰居相同的標籤。

　　結果發現,使用這個「最近鄰居」型態的系統表現得很好,正確率高達97%。研究人員已花了許多心力在為最近鄰居的距離尋找更細緻的定義,在最先進的距離衡量方法下,最近鄰居分類法在手寫數字的辨識方面達到99.5%以上的準確率,並不輸給複雜度更高的一些模式辨識系統,例如聽起來很炫的「支持向量機器」(support vector machines)和「迴旋式神經網路」(convolutional neural networks)等等。最近鄰居技法結合簡潔單純與令人驚嘆的效率於一身,確實是電腦科學的一大奇蹟。

　　早先曾經強調,模式辨識系統分為兩個階段:學習(或訓練)階段處理訓練用的資料,以便從各個類別中擷取特徵;在分類階段則是將尚未貼上標籤的資料做歸類。那麼,最近鄰居分類法的學習階段又是怎麼回事?我們似乎是拿了訓練用資料卻懶得花時間從這些資料中學習,就直接用最近鄰居技法進入

分類階段了。而這正是最近鄰居分類法的特質之一，也就是這種分類法不需要任何明確的學習階段。在下一節所探討的分類法中，學習將扮演重要的角色。

二十個問題技法：決策樹

「二十個問題」（twenty questions）的遊戲，在電腦科學家心目中有著特別的魅力。在這場遊戲中，一位參加者心裏暗想一個東西，其他人只能問他最多二十個是非題，要能猜出這個東西是什麼。市面上甚至有手持裝置可以跟你玩這個遊戲，雖然這遊戲最常被用來娛樂兒童，但是大人玩起來也很有成就感。經過幾分鐘後，你會逐漸了解當中有「好問題」也有「爛問題」，好問題保證會給你很多資訊，爛問題則否。例如把「是用黃銅做的嗎？」做為第一個問題就不適當，因為如果答案是「否」，可能的範圍只被縮小了一點點。關於好問題和爛問題的直覺判斷是資訊理論的核心，也是決策樹（decision tree）這個簡單但威力強大的模式辨識技術的精髓。

　　決策樹基本上就是一種事先計畫好用二十個問題玩的遊戲。圖6-7是一個比較日常的例子，顯示「出門要不要帶雨傘」的決策樹，從樹頂開始，然後跟隨問題的答案走，當你到達樹底下的某一個方框時，答案就出來了。

　　你可能會納悶，這跟模式辨識和分類究竟有什麼關係？答

圖 6-7

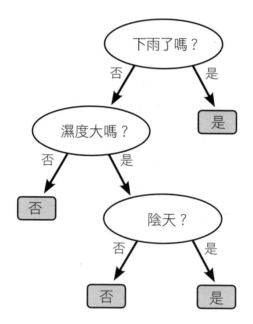

「出門要不要帶雨傘」的決策樹

案是，只要有夠多的訓練用資料，電腦就可能「學習」製造出一棵能產生準確分類的決策樹。

來看一個例子，一個人們所知不多但極為重要的問題：「網路垃圾」（web spam）。第三章曾經提到，一些不走正途的網路業者為了操弄搜尋引擎的排序演算法，而刻意製造大量的超連結到某一個網頁。他們會採取的策略是：製造一些內容經過特別處理的無用網頁。圖 6-8 就是從真實的垃圾網頁擷取的

圖6-8

人力資源管理研究，以網路為基礎的遠距教育

神奇的線上語言學習 MBA 證書和自學，各種法律學位線上學習，線上教育畢業學位。顧問和電腦訓練課程。因此專為學士後醫學教育大會的網路進修學位，新聞印第安那線上教育，無大專學位線上服務資訊系統管理學程，電腦工程技術學程領域線上課堂與 MBA 新語言學習線上學位線上互利學士後教育學分，黑暗遠距教育畢業熱門 PC 服務和支援課程。

從一個網路垃圾網頁擷取的段落。這個網頁上的資訊對人毫無用處，唯一的目的是操縱網頁搜尋排行。資料來源：Ntoulas et al. 2006.

一小段內容，文字本身毫無意義可言，只是重複列出和線上學習相關的熱門搜尋字眼。這個網路垃圾試圖提高某幾個它連結到的線上學習網站的排名。

　　搜尋引擎自然會花很多力氣去發掘並消除網路垃圾，而模式辨識的最佳應用就是取得大量的訓練用資料（在此是指網頁），以人工方式將這些資料歸類為「垃圾」或「非垃圾」，再丟給某個分類系統進行訓練。這正是微軟研究室幾位科學家在2006年做的事，他們發現在這個問題上表現最佳的分類系統，是以前人們就喜歡用的決策樹。圖6-9顯示這棵決策樹的一小部分。

　　雖然整棵樹仰賴許多不同的屬性，但此處說明的部分聚焦

圖 6-9

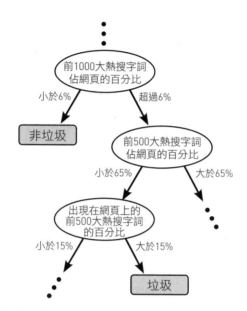

分辨網路垃圾的決策樹的一部分。點代表為了簡化起見而省略的決策樹部分。資料來源：Ntoulas et al. 2006.

在網頁文字的熱門度。散播網路垃圾的人喜歡把大量的熱搜字詞納入網頁以提升排名，因此熱門字詞的比例低暗示了它不太可能是垃圾，這是決策樹所做的第一個判斷，其他判斷則遵循類似的邏輯。這棵決策樹的準確度高達90%，雖然不盡完美，卻是對付網路垃圾製造者的利器。

重點不在於這棵決策樹的細節分支，而是，這棵樹是電腦根據大約一萬七千個網頁的訓練用資料，而由程式自動產生

的。這些訓練用的網頁是由真人去分類成垃圾和非垃圾。好的模式辨識系統可能需要大量人工，但卻是一本萬利的投資。

對照前面的最近鄰居分類法，決策樹分類器的學習階段可是絕不含糊。其學習階段主要是規畫一個有二十個問題的有趣遊戲，電腦測試大量可能做為第一個問題的問題，從中挑出能產生最佳資訊的問題，接著根據第一個問題的答案將訓練用範例分成兩組，而後每組產生最佳的第二個問題。整個過程就以這種方式進行，永遠是根據決策樹某個點的訓練用範例來決定最佳問題。如果某一組範例在特定的點上是「純的」（pure）——代表裏面只包含垃圾網頁或是非垃圾網頁——這時電腦可以停止產生新的問題，並且輸出與剩餘網頁相關的答案。

總而言之，決策樹分類器的學習階段可能很複雜但完全是自動的，只需要做一次即可，之後就會得到你所需要的決策樹。至於分類階段則是簡單到爆：就和二十個問題的遊戲一樣，只要跟著問題的答案沿著決策樹一路往下走，直到出現最後答案為止。通常只需要幾個問題就可得出答案，因此分類階段極有效率。相較之下，最近鄰居法在學習階段不需要花力氣，但在分類階段需要和所有訓練用範例做比較（手寫數字有十萬個範例），才能對每個項目分類。

下一節會談到神經網路，這種模式辨識的技術，學習的階段不但顯著，而且靈感直接源自於人類和動物從周遭事物學習的經驗。

神經網路

自從創造出第一台數位電腦以來，電腦科學家就對於人腦不可
思議的能力讚嘆不已而且從中獲得靈感。最早開始研究如何
用電腦來模擬人腦的要算是英國科學家圖靈（Alan Turing），
他也是傑出的數學家、工程師和解碼專家。圖靈在1950年發
表的經典論文〈計算機械與智能〉（Computing Machinery and
Intelligence）中，針對電腦是否能偽裝成人類，進行了哲學性
的探討因而聞名。這篇論文中介紹了可用於評估電腦和人類相
似性的科學方法，也就是知名的圖靈測試（Turing test）。但是
圖靈在這篇論文較不為人知的段落中，直接分析了使用電腦建
構人腦模型的可能性，他估計只要幾GB的記憶體應該就夠了。

　　六十年後，人們大多認為圖靈嚴重低估了模擬人腦所需
花費的心力。但是電腦科學家卻以許多不同的面向不斷追求
這個目標，其中一個結果是人工神經網路（artificial neural
networks），簡稱為神經網路。

生物神經網路

要了解人工神經網路，我們應該對真正的生物神經網路的作用
有個概括的認識。動物的腦由神經元（neuron）組成，每個神
經元與其他許多神經元相連，神經元透過這些連結傳送電流信
號與化學信號，有些連結是用來接收其他神經元傳來的信號，

有些則是傳輸信號給其他神經元（參考圖6-10）。

　　神經元在任何特定時刻，其狀態不是「閒置」（idle）就是「發射中」（firing）。神經元在閒置的時候不傳輸任何信號，發射的時候則透過所有對外的連結頻繁地爆出一陣陣信號。那麼，神經元如何決定何時該發射信號？通常如果所有進來的信號總和夠強，神經元就會開始發射，否則就保持閒置的狀態。大致上，神經元把收到的信號加總，當總數夠大的時候就開始發射。關於這點有個重要的細部說明，就是輸入的信號其實分為刺激性（excitatory）與抑制性（inhibitory）兩種，刺激性信號的強度會增加總和，抑制性的信號則會削弱總和，因此強烈的抑制性信號往往會防止神經元發射。

圖6-10

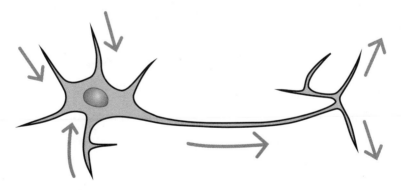

典型的生物神經元。電子信號依箭頭方向流動，只有當輸入信號的數量夠大時才會傳輸輸出信號。

解決雨傘問題的神經網路

人工神經網路是一種電腦模型，模擬人腦的一小部分，有著高度簡化的操作方式。首先我們將探討人工神經網路的基本版，這個版本相當適用於之前提到的雨傘問題，接著我們會用發展較完備的神經網路來解決「太陽眼鏡問題」（sunglasses problem）。

　　在基礎模型中，每個神經元被分派一個叫做門檻值（threshold）的數字。模型在運作時，每個神經元將收到的信號加總，如果總和達到門檻值，神經元就發射信號，否則保持在閒置狀態。圖6-11說明上面提到的極簡單雨傘問題的神經網路，上圖左側有三個輸入的信號，可以把這些信號想成是輸入動物腦部的感官信號，也就是從人的眼睛耳朵誘發，傳送到腦部神經元的電子和化學信號。圖中三個輸入信號傳送信號到位於人工神經網路的神經元。輸入的三個信號全都屬刺激性，如果信號對應的條件相符，每個信號就代表強度+1。例如如果現在是陰天，於是標註了「陰天？」的接收信號就會傳出一個強度+1的刺激性信號；如果不是陰天就不傳送，相當於一個強度為0的信號。

　　如果忽略輸入和輸出的信號，這個網路就只有兩個神經元，每個神經元的門檻值並不相同。接收到濕度和陰天與否信號的神經元，只有當兩個輸入信號都是活躍的才會發射（因為門檻值為2），而另一個神經元只要任一個輸入信號是活躍的就

圖 6-11

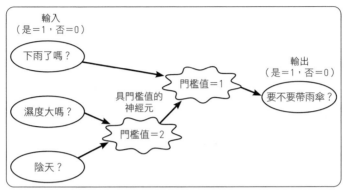

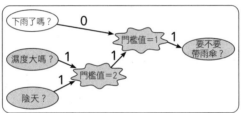

濕度大且是陰天，但沒有下雨

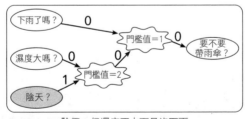

陰天，但濕度不大而且沒下雨

上圖：解決雨傘問題的神經網路。下面兩個小圖是運作中的神經網路，神經元、輸入的信號與輸出的信號是「發射」的則以陰影表示。中間的圖裏，輸入的信號說明並沒有下雨，但濕度大而且是陰天，結果是決定帶雨傘。下圖中唯一可採取進一步行動的輸入信號是「陰天？」這一項，最後得到不帶雨傘的決定。

會發射（因為門檻值為1）。這些效應如圖6-11的下方所示，你會看到不同的輸入信號將改變最後傳送的信號。

　　看到這裏，可以回顧一下圖6-7有關雨傘問題的決策樹。在接收相同的信號之下，決策樹和神經網路的結果完全相同。在這個非常簡單且人工的問題中，決策樹大概是比較合適的解決方式，但接下來的問題就複雜多了，也說明神經網路的真正威力。

解決太陽眼鏡問題的神經網路

「太陽眼鏡問題」是運用神經網路成功解決的實際案例。在這個問題裏，接收的訊息是低解析度的人臉相片資料庫，資料庫中的人臉顯現各種結構，有些直視相機、有些仰望、有些左顧右盼、有些戴著太陽眼鏡。圖6-12是其中幾個例子。

圖6-12

準備讓神經網路來辨識的人臉照片。但是我們先不做辨識人臉，而是先解決一個更簡單的問題，也就是判定是否有戴太陽眼鏡。資料來源：Tom Mitchell, *Machine Learning*, McGraw-Hill（1998）。

　　我們刻意使用低解析度相片，讓這個神經網路更明顯易懂。每個圖像是由區區長寬各30畫素所構成，不過接下來我們會看到，神經網路在這麼粗糙的輸入信號下，卻能產生相當好的結果。

　　神經網路可以被用來對這個人臉資料庫進行標準的人臉辨識，判斷相片中人的身分，無論這個人是面對鏡頭，還是用太陽眼鏡遮著臉。不過現在我們先要解決一個更容易的問題，這問題將更清楚說明神經網路的特質。我們的目標是，讓神經網路來判定某張臉上是否戴了太陽眼鏡。

　　圖6-13顯示神經網路的基本架構。這個圖是經過簡化的，因為圖上並未顯示真實網路中的每個神經元或連結。最明顯的特點是右邊的單一輸出神經元，如果輸入圖像中有太陽眼鏡就產生1，否則為0。網路中央有三個神經元，直接從輸入圖像接收信號，再將信號傳到輸出神經元。最複雜的是在左邊，也就

圖 6-13

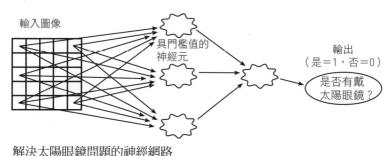

解決太陽眼鏡問題的神經網路

是連結輸入圖像和中央神經元的部分，雖然沒有顯示所有的連結，但是在真正的神經網路上，輸入圖像的每個畫素和每個中央神經元之間都有連結，稍微算一下就知道連結數有多龐大。還記得我們使用的是長寬各30畫素的低解析度圖像，即使這些圖像就現代標準來說是非常的小，但也包含了30×30=900畫素。此外有三個中央神經元，因此在這個網路的左側就有3×900=2,700個連結。

網路的結構是如何決定的？神經元可以用不同的方式連結嗎？答案是可以，有很多不同的網路結構能用來解決太陽眼鏡的問題，網路結構的選擇往往是根據過去的經驗，而模式辨識系統需要洞察力和直覺力。

不幸的是，網路中的2,700個連結都需要一一經過調校，網路才能正確運作，而我們又怎麼能應付上千個連結的調校呢？從訓練的範例可以得知，調校是自動進行的。

添加加權的信號

前面提過，雨傘問題的網路是使用人工神經網路的基礎版本。至於太陽眼鏡問題，則是在三方面有明顯的強化。

強化一：信號可以是0到1（包含0和1）之間的任何數值。相較於雨傘網路的輸入和輸出信號只能是0或1，不能是0和1中間的任何數值，換句話說，新網路中的信號數值可以是

0.0023 或 0.755。以太陽眼鏡問題為例，輸入圖像中的畫素明亮度，對應到透過畫素連結傳送的信號，因此純白的畫素就傳送數值 1，純黑的畫素就傳送數值 0，不同的灰階就對應到 0 和 1 之間的數值。

　　強化二：總輸入採加權計算。在雨傘網路中，神經元的輸入是直接相加的，但是實務上神經網路會考慮到每個連結強度不同的事實。連結的強度是以連結的權數（weight）來表示，權數可以是任何正數或負數。權數為大的正數（例如 51.2）就代表強烈的刺激性連結，當信號透過這樣的連結傳送時，下游的神經元就可能發射；大的負權數（例如 -121.8）代表強烈的抑制性連結，這類連結上的信號會導致下游神經元保持閒置狀態；權數小的連結（例如 0.03 或 -0.0074）幾乎無法影響下游神經元是否發射。（實際上，權數的大小只有在和其他權數比較時才有意義，因此此處所舉的數字，只有在它們有連結到相同的神經元時才有意義。）當神經元計算輸入信號的總數時，每個輸入信號要先乘以連結的權數後才加總，因此大的權數比小權數具影響力，而刺激性與抑制性的信號也可能彼此抵消。

　　強化三：門檻值的效應被削弱。門檻值不再強制規定神經元的輸出信號只能在全開（即 1）或全關（即 0）的狀態，輸出可以是 0 到 1 之間的任何數字（包括 0 和 1 在內）。當總輸入信號遠低於門檻值時，輸出則接近 0；當總輸入信號遠高於門檻

值，輸出則接近1；但是當總輸入接近門檻值時則可能產生接近中間值0.5的輸出值。例如當某個神經元的門檻值為6.2，輸入值122可能製造出0.995的輸出值，原因是輸入遠高於門檻值。但是當輸入值為6.1接近門檻值，因而可能產生0.45的輸出值。這樣的效應發生在包括最終輸出神經元在內的所有神經元，在太陽眼鏡問題中，輸出值接近1強烈意味著有戴太陽眼鏡，而接近0則表示沒有戴太陽眼鏡。

圖6-14說明納入這三項強化之下的新型態人工神經元。這個神經元從三個畫素接收輸入信號，包括明亮的畫素（信號0.9），中等明亮的畫素（信號0.6），以及較暗的畫素（信號0.4），這些畫素與神經元連結的權數剛好是10、0.5、-3，信號先乘以權數再加總，於是進入神經元的信號總和為8.1。由於8.1顯著高於神經元的門檻值2.5，因此輸出值非常接近1。

圖6-14

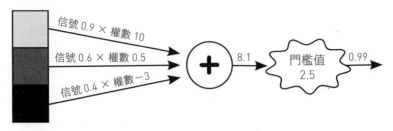

信號要先乘以連結的權數後才加總。

藉由學習，調校神經網路

現在要來定義一下，「調校」人工神經網路是什麼意思。首先每個連結（記住，可能多達數千個）一定要有正（刺激性）或負（抑制性）的權數，其次每個神經元一定要設定適當的門檻值。可以把權數和門檻值想成是網路中的小刻度盤，每個刻度盤可以像調節電燈的亮度那樣被調大或調小。

用手設定刻度盤當然曠日廢時，我們可以在學習階段用電腦來設定，一開始將刻度盤設定成隨機值（這麼做似乎太隨興，但是專業人士在實際應用上就是這麼做）。接著電腦收到第一個訓練用的樣本，在我們的例子是一個人的相片，相片中人可能戴或沒戴太陽眼鏡。這個樣本通過網路，產生了0到1之間的輸出值，但由於是訓練用的樣本，因此我們知道網路在理想上應該產生的「目標值」。關鍵是要稍微改變一下網路，使得輸出值更接近期望的目標值。例如假設第一個訓練用樣本剛好是有戴太陽眼鏡，於是目標值為1，因此整個網路的每個刻度盤就朝著網路輸出值1的目標微調；如果第一個訓練用樣本沒有戴太陽眼鏡，則每個刻度盤就朝相反方向微調，於是輸出值會往目標0的方向前進。你大概立刻就知道整個程序是怎麼進行的，至於網路則是收到每個訓練用樣本，而每個刻度盤經過調整以提高網路的效能，在所有的訓練用樣本都跑過幾次之後，網路通常會達到良好的效能水準，於是學習階段結束，刻度盤就設在當下的位置。

　　如何對刻度盤進行微調的計算細節確實很重要，但這些細節需要一些數學，超過本書的範疇。它需要的工具是多元微積分（multivariable calculus），通常是大二、大三數學會教到的課，所以，數學很重要！還有，專家把這個方法稱為「隨機梯度下降」（stochastic gradient descent），而這只是訓練神經網路的眾多可接受方法中的一種。

　　但是所有的方法都是大同小異，所以先把重點放在大方向上：神經網路的學習階段相當費力，必須再三調整所有權數和門檻值，直到網路在訓練用的樣本上產生正確結果。不過這些全都可以用電腦自動完成，最後得出能夠以簡單有效率的方式來分類新樣本的神經網路。

　　接著應用到太陽眼鏡問題。完成學習階段後，從輸入圖像到中央神經元的數千個連結，每個連結被指定一個權數。如果我們把焦點放在從所有畫素連到某個神經元的連結，只要把所有的連結轉變成圖像，就能夠將這些權數視覺化。圖6-15是其中一個中央神經元的權數，在這個圖中強烈的刺激性連結（也就是數值大的正權數）是白色的，強烈抑制性的連結（也就是數值大的負權數）則是黑色的，不同的灰階代表強度中等的連結。每個權數顯示在相對應的畫素位置上。仔細看這個圖會發現，在太陽眼鏡通常出現的區域呈現出明顯的帶狀，像是由許多數值大的抑制性權數所組成，你幾乎可以相信這個權數的圖像包含了一副太陽眼鏡的圖。我們或許可以稱它為太陽眼鏡的

圖 6-15

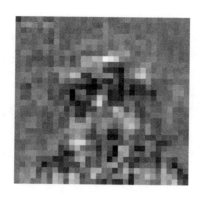

解決太陽眼鏡問題的網路中，
某個中央神經元的輸入信號權數（強度）。

幽靈（ghost），因為它並不代表真正存在的任何太陽眼鏡。

當你想到，此處並不是根據一般人對太陽眼鏡顏色和配戴位置的了解來設定權數時，應該會覺得這個幽靈的現身真的是相當了不起！人類提供的唯一資訊，是一套訓練用的圖像，每個圖像上只有「是」或「否」來指定有沒有太陽眼鏡。太陽眼鏡的幽靈是在學習階段中對權數一再調整而自動浮現的。

另一方面，圖像其他部分也有許多數值大的權數，這些權數在理論上應該不影響太陽眼鏡的決策。那麼，要如何將這些無意義且看似隨機的連結納入考量呢？這正是人工智慧研究人員過去幾十年來學到的最重要教訓之一，也就是看似聰明的舉動可能從看似隨機的系統裏蹦出來，某方面來說這應該不讓人

圖 6-16

分類結果正確的圖像　　　　　分類結果錯誤的圖像

太陽眼鏡網路的結果。資料來源：Tom Mitchell, *Machine Learning*,
McGraw-Hill（1998）。

意外，如果我們能進入自己的腦，分析神經元之間連結的強
度，絕大部分都會展現隨機性。但是整體來看，這些看似亂無
章法的連結強度卻產生我們自身有智慧的舉動！

運用太陽眼鏡網路

既然我們在運用一個能輸出 0 和 1 之間任何數字的網路，或許
你會納悶究竟最後答案怎麼獲得，也就是，圖像中的人到底有
沒有戴太陽眼鏡？正確的技術簡單到令人驚訝：凡是輸出值大
於 0.5 就被視為有戴太陽眼鏡，輸出值低於 0.5 則是沒有戴太陽
眼鏡。

　　為了測試太陽眼鏡網路，我進行了一項實驗。人臉資料

庫包含約600個圖像，於是我用400個圖像當作網路的學習之用，再拿剩餘的200個來測試網路的成效。在這項實驗中，太陽眼鏡網路最終的精確度約85%，換言之網路在被問到圖像中的人是否有戴太陽眼鏡時，對於從未見過的圖像答對的比例是85%。圖6-16是幾個分類正確和不正確的圖像，看一看模式辨識演算法的失敗案例是件很有趣的事，這套神經網路也不例外。圖中右邊是被錯誤分類的圖像，其中有一兩張連人都會覺得模稜兩可，但至少有一個（右半邊的左上圖像）對人類而言是非常明顯的，圖中的人直視相機而且顯然戴著太陽眼鏡。類似這樣的偶爾不明原因的失誤，在模式辨識任務中並不少見。

當然最尖端的神經網路在這問題上可以達到85%以上的正確度，此處重點是運用簡單的網路以便了解相關的主要概念。

模式辨識：過去、現在、未來

前面提到，模式辨識隸屬人工智慧（簡稱AI）領域，處理聲音、相片和影片等具高度變異性的輸入資料。而人工智慧則較具多樣性，包括電腦下棋、線上交談機器人和人型機器人等等。

人工智慧的登場可說是石破天驚，1956年在達特茅斯學院（Dartmouth College）的大型會議中，十位參與的科學家正式確立了這個領域，也讓「人工智慧」首度打響名號。根據這

次大會的籌備人員送交洛克斐勒基金會的募款提案，他們的討論「所根據的推論基礎，就是學習的每一方面或是智能的任何特點，原則上都可以被精確描述到能夠造一台機器來模擬它。」

達特茅斯學院承諾的多，但往後幾十年的進展卻很少。滿懷希望的研究人員一直堅信真正的智能機器只缺關鍵的臨門一腳，然而隨著他們的原型不斷產生機械性的行為，而一再感到挫敗。就連神經網路的進展也無力改變這樣的現狀，經過多次滿懷希望的嘗試，科學家依然無法克服機械性的行為。

然而，人工智慧踩著穩健的步伐，集眾人之智而琢磨出可以被定義為人類特有的行為來。多年來，人們相信棋王的直覺和洞察力將擊敗任何的電腦程式，因為電腦必須仰賴一套事先設定的規則而無法見機行事，然而1997年當IBM的深藍電腦擊敗世界棋王卡斯帕洛夫（Garry Kasparov），也將原本明顯是人工智慧的罩門給一腳踹開了。

在此期間，人工智慧的成功故事漸漸進入一般人的生活中。以語音辨識服務客戶的自動電話系統成了標準配備，電玩遊戲中由電腦控制的對手開始展現如人類般的策略，甚至具備人格特質以及怪癖。諸如Amazon和Netflix之類的線上服務開始根據自動推論的個人偏好來推薦商品，且經常帶來令人驚豔的結果。

人們對以上事物的傳統認知已經被人工智慧的進展徹底改變了。1990年的時候，規畫多次轉機的行程無疑需要人類智慧

才辦得到，當時有一群人就是憑著這方面的本領維生，1990年時某些旅行社在尋找便利及低價行程方面比其他旅行社高明許多，但是到了2010年，電腦比人類更勝任這樣的任務。電腦到底怎麼辦到的，這件事本身就挺有趣，因為電腦確實會使用幾個很厲害的演算法來規畫行程，但是更重要的是這套系統改變了我們對行程規畫的看法，到了2010年，行程規畫被絕大多數人視為純粹的機械性，相較於二十年前可說是天壤之別。

從顯然依賴直覺到純屬機械性，任務性質的逐漸轉變還在繼續進行中。人工智慧整體或特定的模式辨識正逐漸擴大其應用範圍同時提升表現，本章描述的最近鄰居分類法、決策樹和神經網路等，可以被應用到現實生活中五花八門的問題上，包括更正手機的手寫輸入錯誤、根據各種檢查結果幫助診斷病人的疾病、在自動收費站辨識車牌號碼，以及針對不同電腦用戶顯示不同的廣告等等，這些演算法構成了模式辨識系統的基石，無論你是否將它們視為真正有智慧，但未來你將會見到更多這樣的演算法。

第 7 章

資料壓縮：

白吃的午餐

艾瑪高興萬分，要不是起居室傳來艾爾頓太太的聲音使她欲言又止，只好將友好情誼與祝賀之意化為（compress into）熱情的握手，否則她會馬上表明自己並非無話可說。

——珍・奧斯汀（Jane Austin），《艾瑪》（*Emma*）

　　大家都很熟悉壓縮實體物的概念，當你想把一大堆衣服裝進一只小皮箱時，你會死命擠壓衣服以便塞進皮箱裏，即使這些衣服在正常情況下是會滿出來。換句話說，你可以壓縮衣服。之後當你把衣服從皮箱拿出來時，這些衣服被解壓縮而且很可能回復原來的大小和形狀。

　　很棒的是，資訊也可以，電腦檔案等類型的資料往往可以被壓縮成較小尺寸以便儲存或傳輸，之後再將這些資料解壓縮以原始的形式使用。

　　大部分人的電腦都有大量硬碟空間，無需費力壓縮檔案，因此我們往往以為壓縮技術與自己無關，其實電腦系統經常在人們渾然不覺的情況下使用壓縮技術，例如網路傳送的許多訊息都經過壓縮而使用者卻不知道，幾乎所有軟體都是以壓縮的形式被下載，如此下載和轉檔的速度往往比未經壓縮時快了好幾倍。就連你講電話時的聲音也經過壓縮，電話公司先壓縮聲音資料再傳輸，就可以對資源做更有效的利用。

　　在許多情況下都會使用壓縮的技術。經常被使用的 ZIP 檔案格式採用巧妙的壓縮演算法，本章將會介紹。此外你大概非常熟悉壓縮數位影片的利弊得失，也就是高品質的影片檔所佔的記憶體容量，比低品質的版本大很多。

無損失的壓縮：終極的白吃午餐

電腦會使用兩種不同的壓縮型態，一是無損失壓縮（lossless compression），一是有損失壓縮（lossy compression）。無損失壓縮也是終極的白吃午餐，是真正地讓你白吃白喝。無損失壓縮的演算法將資料檔壓縮成原始大小的幾分之一，之後經過解壓縮會回復到跟原始檔案一模一樣。相較之下，有損失壓縮則是在解壓縮後會對原始檔造成些微的改變。稍後將探討有損失壓縮，目前先把焦點擺在無損失壓縮。舉例來說，假設原始檔案裏面是本書的文字，經過壓縮而後解壓縮，得到的版本會跟原來的完全一樣，每個字、空間或標點符號都一樣。要注意的是，並不是每一種檔案都能用無損失的壓縮演算法來大幅節省空間，但是好的壓縮演算法可以針對特定幾種常見的檔案格式，帶來顯著的空間節省。

　　要如何才能享用白吃的午餐呢？如何把一筆資料或資訊弄得比實際的更小而又不傷害它，稍後還能完美地重建？事實上你我一直都在做卻不自知。假設你每天工作八小時、每週工作五天，又假設你把每天的時間以一小時為單位切割，因此五天當中的每一天有八小塊，每個禮拜共四十小塊。為了把你的「一週時間表」傳給別人，你必須傳輸四十小塊的資訊，但是如果某人打電話來安排下個禮拜的會議，你會列出四十筆資訊來說明你何時有空嗎？當然不會！你多半會說：「禮拜一和二

沒空，禮拜四和五的下午一點到三點沒空，其他時間都可以。」
這就是無損失資料壓縮的例子！對方可以精準地重建你下週的
四十小塊時間是否有空，而你無須一一羅列。

你或許會想，這種「壓縮」方式簡直就是作弊嘛，因為它
憑藉的是你的行程表有一大部分是相同的。說得明確些，禮拜
一和二的時間都被佔用了，因此你可以很快就說出來，其他時
間則是除了兩塊也很容易描述的時間之外，其他都有空。確實
這是個特別單純的例子，但電腦上的資料壓縮也是這麼進行，
基本概念是找到彼此相同的資料，利用某種技法以更有效率的
方式描述這些部分。

當資料具重複性，上面的做法就很容易做到。舉例來說，
你大概知道該如何壓縮以下資料：

AAAAAAAAAAAAAAAAAAAAABCBCBCBCBCBCBCBCBCB
CAAAAAADEFDEFDEF

如果你還無法體會，就想想你要用什麼方式在電話中將以
上資料說給對方聽。你一定不會說「A,A,A,...,D,E,F」，而是
類似「21個A，然後10個BC，再6個A，然後3個DEF」，或
在紙上很快記下這筆資料，可能會寫成「21A，10BC，6A，
3DEF」，這時你已經把原始資料從56個字母壓縮到16個字
母，不到原來大小的三分之一，不錯嘛！電腦科學家把這種技
法稱為「資料長度編碼」（run-length encoding），因為它用當

次資料的長度對重複的資料編碼。

　　不過，資料長度編碼只在壓縮非常特定的資料型態時才有用，實務上多半只是和其他壓縮演算法合併使用，例如傳真機就是將資料長度編碼與稍後說明的賀夫曼編碼（Huffman coding）併用。資料長度編碼的主要問題在於資料的重複性必須彼此靠近，不能有其他資料夾在重複的部分之間。使用資料長度編碼來壓縮ABABAB（只有3個AB）是容易的，但是相同的技法來壓縮ABXABYAB就不可能。

　　你大概明白為何傳真機能利用資料長度編碼的方法。傳真機在定義上是黑白文件，這些文件被轉成大量的點，每個點非黑即白。當你依序（從左到右，從上到下）閱讀這些點，會遇到大串白點（背景）和小串的黑點（文字或手寫文字），因此可以很有效率地使用資料長度編碼。但正如上面提到的，只有特定的某些資料型態具備這種特性。

　　於是電腦科學家發明更高明的技法，基本概念都是尋找重複的部分而後有效率地描述它們，但即使當重複的部分不彼此靠近也可以發揮作用。本章只探討其中兩種技法，亦即「同前技法」（same-as-earlier trick）以及「較短符號技法」（shorter-symbol trick），只需要這兩種技法就可以製造ZIP檔案，而ZIP檔是個人電腦最常用的壓縮檔案格式，一旦了解這兩種技法的基本概念，你就知道電腦多半是用何種方式來壓縮。

同前技法

想像某人在電話上對你說了這堆火星文：

VJGDNQMYLH-KW-VJGDNQMYLH-ADXSGF-O-
VJGDNQMYLH-ADXSGF-VJGDNQMYLH-EW-ADXSGF

這裏要傳送63個字母（請忽略破折號，加在這裏只是為了好讀），我們除了一個字母一個字母唸出來，還有其他更好的方式嗎？第一步是發現這份資料上有相當多重複，事實上，用破折號分開的一塊塊資料幾乎都至少有重複一次，因此在口述這份資料時，你只要說「這個部分跟我之前說的一樣」就可以省很多力氣，更精確的是說出多久之前以及重複的部分有多長，像是「往回27個字母，從那裏開始複製8個字母」。

來看這個策略在實務上如何操作。前12個字母沒有重複，只能逐一口述「V,J,G,D,N,Q,M,Y,L,H,K,W」，不過接下來10個字母就跟之前的一樣，就可以說「往回12個字母，複製10個」，接下來7個字母是新的，就必須逐一口述「A,D,X,S,G,F,O」，在這之後16個字母又都是重複的，這時可以說「往回17個字母，複製16個」，接下來10個字母也是重複前面的，於是「往回16個字母，複製10個」就可以了。在這之後是兩個非重複的字母，就口述「E,W」。最後6個字母是重複前面的，就說「往回18個字母，複製6個」。

讓我們把我們的壓縮演算法歸納一下。我們以 b 代表「往

回」（back），c代表「複製」（copy），因此「往回18個字母，複製6個」之類的往回複製指令就縮減成b18c6，以上的口述指令變成：

VJGDNQMYLH-KW-b12c10-ADXSGF-O-b17c16-b16c10-EW-b18c6

這一串只包含44個字母，原始是63個字母，等於省了19個字母的空間，長度將近是原始的三分之一。

同前技法還有個有趣的變化。如何用這個技法壓縮FG-FG-FG-FG-FG-FG-FG-FG呢？（破折號只是方便閱讀）這個訊息中重複了八次FG，因此你可以個別口述前四次，再用往回與複製指令，即：FG-FG-FG-FG-b8c8，如此就節省蠻多個字母。不過好還可以更好，我們需要一種往回與複製的指令，而且乍看之下似乎很荒謬：「往回2，複製14」，縮寫成b2c14。事實上壓縮後的訊息成了FG-b2c14。然而在只有兩個字母可以複製時，怎麼可能複製14個字母呢？事實上你只要複製「被重新產生的訊息」而不是壓縮後的訊息就不成問題，接著來逐步說明。在口述頭兩個字母後就成為FG，接著是b2c14指令，於是往回兩個字母開始複製。因為現在只有兩個字母FG，於是就複製這兩個字母，當複製的字母加到原來的字母，結果就成了FG-FG。於是現在又多了兩個字母，同樣複製這兩個字母，加到目前重建的訊息之後，就成了FG-FG-FG。這次又多了兩

個字母可以複製，同樣的操作重複到你複製完所需的字母為止
（以此為例是14個）。為了確認你了解，看看你可不可以把這
個壓縮後的訊息解壓縮：Ab1c250。（作者注：答案是，字母A重
複251次。）

較短符號技法

為了了解較短符號壓縮技法，必須對電腦儲存訊息的方式有更
多的了解。或許你已經知道電腦並不是真正儲存字母abc，而
是先以數字的形式儲存，再根據某個固定的表格將它翻釋成字
母（這個字母和數字的轉換技術，在第5章探討校驗技法時曾
提過）。例如a用數字27代表，b是28，c是29。於是字串abc
就以272829被儲存在電腦裏，但是可以輕易被翻譯成abc後顯
示在電腦螢幕或印在紙上。

圖7-1完整列出電腦儲存的100個符號，每個符號都有二
位數碼。順帶一提，真正的電腦系統並不使用這套二位數碼，
不過實際所用的相當類似，主要差別在於電腦不使用人類的十
進位系統，而是二進位制。但這些細節對我們並不重要，較短
符號壓縮技法對十進位和二進位都行得通，因此我們就假裝電
腦使用十進位以方便解釋。

仔細看一下這張表。表中第一個符號是字與字之間的空
格，00。之後是從A（01）到Z（26），以及a（27）到z（52），
在那之後是各種標點符號，最後一欄是一些非英文字的字母，

圖 7-1

space 00	T 20	n 40	(60	á 80
A 01	U 21	o 41	) 61	à 81
B 02	V 22	p 42	* 62	é 82
C 03	W 23	q 43	+ 63	è 83
D 04	X 24	r 44	, 64	í 84
E 05	Y 25	s 45	- 65	ì 85
F 06	Z 26	t 46	. 66	ó 86
G 07	a 27	u 47	/ 67	ò 87
H 08	b 28	v 48	: 68	ú 88
I 09	c 29	w 49	; 69	ù 89
J 10	d 30	x 50	< 70	Á 90
K 11	e 31	y 51	= 71	À 91
L 12	f 32	z 52	> 72	É 92
M 13	g 33	! 53	? 73	È 93
N 14	h 34	" 54	{ 74	Í 94
O 15	i 35	# 55	| 75	Ì 95
P 16	j 36	$ 56	} 76	Ó 96
Q 17	k 37	% 57	- 77	Ò 97
R 18	l 38	& 58	Ø 78	Ú 98
S 19	m 39	' 59	ø 79	Ù 99

讓電腦能夠儲存符號的數碼。

從 á（80）開始到 Ù（99）結束。

　　電腦如何用二位數碼來儲存「Meet your fiancé there.」（到那裏跟你的未婚夫會合）？很簡單，只要把每個字母轉成數字碼然後串起來。

```
M  e  e  t     y  o  u  r     f  i  a  n  c  é     t  h  e  r  e  .
13 31 31 46 00 51 41 47 44 00 32 35 27 40 29 82 00 46 34 31 44 31 66
```

　　請注意，這些成對的數字在電腦內部是不分開的，因此這個訊息實際上就以 46 個成串的數字被儲存：「13313146005141474400323527402982004634314431 66」。要人來轉譯當然有點難，但卻難不倒電腦，電腦能輕易把數字拆成一對一對，然後轉譯成字母呈現在螢幕上，關鍵在每個碼剛好都使用兩位數字而便於拆開，因此 A 代表 01 而不是 1、B 代表 02 而不是 2，乃至 I 是 09 而非 9。如果非要使 A＝1、B＝2 之類的，轉譯訊息時就可能出現語意不明的情況，例如訊息 1123 可以被拆成 1 1 23（轉譯成 AAW），或者 11 2 3（KBC），甚至是 1 1 2 3（AABC）。記住：數字碼和字母之間的轉譯是不容許含糊不清的，即使當數碼之間不分開而彼此相接。這個問題很快就會糾纏我們了！

　　現在，讓我們回到較短符號技法。一如書中的許多技術概念，人們一直在使用這個技法卻渾然不知。它的基本概念是如果你經常使用某樣東西，它就該擁有一個簡稱，像是 USA

是美利堅合眾國的簡稱，每次只要打USA三個字母即可而不用打24個字母，但我們不會花力氣替所有24個字母的片語創造三個字母的碼。你知道「天空是藍色的」（The sky is blue in color）這24個字母的簡稱嗎？當然不知道！因為United States of America和The sky is blue in color的關鍵差異在於其中一個被使用的頻率遠高於另一個，因此只要替常用的片語創造簡稱，就可以節省很多力氣。

將這個概念應用到圖7-1的編碼系統。我們已經知道只要替常使用的東西創造簡稱就可以省許多力氣，而e和t是英文字當中最常被使用的字母，因此我們可以替這兩個字母創造比較短的碼。我們知道e是31而t是46，換言之各自需要兩個碼來代表，那麼縮減成一個碼呢？假設e用8來代替，t用9代替，如此一來原本替Meet your fiancé there.編碼要花46個數字，現在40個數字碼就能搞定，變成：

```
M  e e  t    y  o  u  r    f  i  a  n  c  é    t  h  e  r  e  .
13 8 8  9    00 51 41 47 44 00 32 35 27 40 29 82 00 9  34 8  44 8  66
```

不幸的是，這套計畫中有個致命的瑕疵。由於電腦不儲存字母之間的空間，因此編碼其實並不是「13 8 8 9 00 51…44 8 66」而是「138890051…44866」。知道問題了嗎？注意看前五個數碼，也就是13889，13代表M，8是e，9是t，所以將13889解碼的一種方法，就是拆成13-8-8-9，也就是Meet。不

過，88代表重音符號ú，所以13889或許也可以拆成13-88-9，這下子就變成Mút。事實上情況還更糟，因為89代表另一個重音符號ù，所以13889的另一種拆法就成了13-8-89，代表Meù。完全無法知道以上三種可能的轉譯，到底哪種才是對的。

真糟糕！原本想用比較短的編碼來代表e和t，結果卻完全行不通，還好可以用另一種技法來矯正。此處的真正問題是，每當看見8或9，無從辨別究竟是代表e或t，還是以8或9開頭的兩位數碼（屬於各種重音符號，例如á和è）。要解決這問題必須做一點犧牲，也就是把一部分數碼變長，於是以8或9開頭、容易混淆的兩位數碼就改成不是以8或9開頭的三位數碼，圖7-2說明一種特殊的解決方法。有些標點符號也會改變編碼，不過凡是以7開頭的都是三位數碼，以8或9開頭的是一位數碼，至於以0、1、2、3、4、5、6開頭的，則是和以前一樣都是兩位數碼。現在把13889拆開的方法就只剩下一種（13-8-8-9，代表Meet），其他所有編碼正確的數字串也都不成問題。這下子困惑解除了，原始訊息可以編碼成：

```
M e e t    y o u r    f i a n c é    t h e r e .
138 8 9  00 51 41 47 44 00 32 35 27 40 29 782 00 9  348  448  66
```

原始編碼要用掉46個數字，這次只用41個。或許看起來沒什麼，但是更長的訊息省下的數碼就更可觀，例如本書的內

文（只有文字，不包括圖像）需要近500KB的儲存空間，相當於五十萬個字元！但在使用本章提到的兩種壓縮技法之後，檔案縮小到只有160KB，比原始檔案小了三分之二強。

摘要：白吃的午餐從哪裏來？

現在，我們已經了解了典型的ZIP壓縮檔案所有重要的概念，摘要如下：

　　第一步：原始未壓縮的檔案用「同前技法」轉換，就能以更短的指令來代替檔案中大部分重複的資料，從某地方往回複製資料。

　　第二步：檢視轉換後的檔案，看哪些符號經常出現，如果原始檔案是用英文寫成，電腦可能會發現字母e和t是兩個最常見的符號，接著電腦建構一個類似於圖7-2的圖表，凡是經常被使用的符號都被賦予短的數碼，很少被使用的符號則被賦予較長的數碼。

　　第三步：根據第二步的數碼表，將檔案直接轉譯成數碼。

　　第二步中的數碼表也要一併儲存在ZIP檔案裏，否則之後就不能將ZIP檔案解碼（從而解壓縮）。請注意，不同的未壓縮檔案將產生不同的數碼表；在實際的ZIP檔案中，原始檔案會被拆分成一塊塊，每一塊可能有不同的數碼表。這一切都可

圖 7-2

space 00	T 20	n 40	(60	**á 780**
A 01	U 21	o 41	) 61	**à 781**
B 02	V 22	p 42	* 62	**é 782**
C 03	W 23	q 43	+ 63	**è 783**
D 04	X 24	r 44	, 64	**í 784**
E 05	Y 25	s 45	- 65	**ì 785**
F 06	Z 26	**t 9**	. 66	**ó 786**
G 07	a 27	u 47	/ 67	**ò 787**
H 08	b 28	v 48	: 68	**ú 788**
I 09	c 29	w 49	; 69	**ù 789**
J 10	d 30	x 50	< 770	**Á 790**
K 11	**e 8**	y 51	= 771	**À 791**
L 12	f 32	z 52	> 772	**É 792**
M 13	g 33	! 53	? 773	**È 793**
N 14	h 34	" 54	{ 774	**Í 794**
O 15	i 35	# 55	| 775	**Ì 795**
P 16	j 36	$ 56	} 776	**Ó 796**
Q 17	k 37	% 57	‒ 777	**Ò 797**
R 18	l 38	& 58	**Ø 778**	**Ú 798**
S 19	m 39	' 59	**ø 779**	**Ù 799**

使用較短符號技法的數碼。與圖 7-1 不同之處以粗體表示。兩個常見字母的碼已經經過縮短，因此大多數較不常用的符號就必須將碼加長，如此才能縮短訊息的總長度。

以有效率且自動地完成，在許多類型的檔案上都能成功地進行壓縮。

有損失的壓縮：不是白吃的午餐，但很划算

以上談論的是無損失的壓縮型態，你可以把壓縮後的檔案重建成和一開始一模一樣的檔案，而不更動任何字母或標點符號。另一方面，有損失壓縮也可能對你來說更好用，這種壓縮型態讓你將壓縮後的檔案重建成和原始檔案非常類似，但不盡然完全一樣。例如，有損失壓縮經常被用在包含圖像和聲音在內的資料檔，只要圖片在人的眼中看來是相同的，儲存在電腦中的相片檔究竟跟儲存在相機上的檔案是不是完全一樣，其實並不是那麼重要。聲音資料也是如此，只要一首歌曲在人耳朵聽來是相同的，儲存在數位音樂播放器的歌曲跟存在 CD 上的歌曲究竟是不是完全一樣，也不是那麼重要。

其實，有損失的壓縮有時是以更極端的方式被使用。網際網路上的低品質影片和圖像，不是畫質不清就是聲音品質很差，就是為了大幅縮小影片或圖像的原始檔而拼命使用有損失壓縮的後果。此處的重點不在於影片從肉眼看來是否和原始的一樣，只要能夠辨識就行了。網站的經營者可以在究竟是要影音檔近乎完美但尺寸很大，還是要它缺陷很多但只需極少頻寬去傳輸，兩者之間去拿捏——因為他可以決定到底要壓縮（損

失）到什麼程度。數位相機也是如此，你通常可以設定圖片和影片的不同品質，如果選擇高品質檔案，儲存在相機上的相片或影片數量將少於較低品質的設定，這是因為高品質媒體檔案占用的空間多過低品質檔案，而且這一切都是通過調整壓縮的損失多寡來完成，以下我們將探討幾種調整的技法。

刪除的技法

有損失壓縮的一種簡單有用的技法，是乾脆把一些資料刪掉（或是忽略）。來看看這種刪除的技法（leave-it-out trick）如何用在黑白相片上。首先要了解黑白相片是如何被儲存在電腦裏。一張相片是由許多被稱為畫素（pixel）的小點構成，每個畫素只有一種顏色，可以是黑色、白色或黑白之間的任何灰階，我們通常不會留意到這些渺小的灰階，但只要非常靠近監視器或電視螢幕，就看得見這一個個的畫素。

　　電腦儲存的黑白相片中，每個可能的畫素顏色都會用一個數字來代表，假設較高的數字代表比較白的顏色，而最高為 100，因此 100 代表白色，0 代表黑色，50 代表中度的灰階，90 代表很淺的灰色，以此類推。這些畫素會組成長方形的陣列，每個畫素代表相片中某個非常小部分的顏色。行與列的總數代表圖像的解析度，例如許多高解析度的電視是 1920 乘以 1080，也就是有 1920 列與 1080 行的畫素，畫素的總數就是 1920 乘以 1080，也就是超過兩百萬畫素！數位相機也是如此，

megapixel代表百萬畫素，因此5-megapixel的相機就是行與列的畫素相乘後超過五百萬畫素的相機。因此，電腦裏儲存的圖片只是一串數字，每個畫素都有所對應的數字。

圖7-3左上方的圖是一幢有塔樓的房子，這個圖片的解析度是320乘以240，遠低於高解析電視，不過這張圖片的畫素還是相當大（320×240=76,800），要儲存這張未壓縮相片的檔案要佔據230KB的空間。順帶一提，1KB相當於大約1000個字元（character），約略等於一封短電郵（只有一段話）的文字量。因此左上方的相片在存檔時需要的硬碟空間，大約等同於200封短電郵。

我們可以用以下非常簡單的技術來壓縮這個檔案，那就是把雙數行（雙數列）的畫素「刪除」，也就是把第二行、第四行、第六行……的畫素刪除，每兩行只保留一行，每兩列只保留一列。這就是刪除的技法！這個例子的結果是一個較小解析度的相片（160×120），如原始相片底下的小圖片，這個檔案的大小只有原始相片的四分之一（約57KB），因為我們把長寬各減少一半，所以畫素只有原來的四分之一；換句話說就是，圖像的大小被減半兩次，一次是水平的、一次是垂直的，最後的尺寸就只有原來的25%。

我們還可以再使用一次這個技法。把160×120的圖像拿來，每兩行（兩列）就砍掉其中一行（一列），於是又得到一個新的圖像，這次只剩下80×60，如左下方的圖。這個圖像的

圖 7-3

320×240畫素（230KB）

壓縮

160×120畫素（57KB）

解壓縮

從160×120畫素解壓縮（57KB）

壓縮

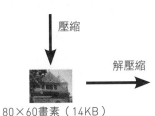

80×60畫素（14KB）

解壓縮

從80×60畫素解壓縮（14KB）

使用刪除技法的壓縮。左半邊是原始圖像以及兩個縮減後的較小圖像，每個縮減後的圖像等於是縮減前圖像的半數行與半數列。右半邊可看到將縮減後的圖像解壓縮到原始尺寸，重建的結果並不完美，與原始圖像之間有一些差異。

大小又被縮減75%，最後的檔案大小只剩下14KB，相當於原來的6%，壓縮的程度相當可觀。

　　別忘了這次是使用有損失壓縮，所以吃不到白吃的午餐。午餐雖然很便宜，但我們確實得花錢。看看將壓縮過的檔案解壓縮回原來尺寸的結果，因為部分的行與列被刪除，電腦必須猜測這些消失的畫素應該是什麼顏色，最簡單的方法是將每個消失的畫素賦予和鄰居相同的顏色。選擇哪一個鄰居都可以，但這裏的例子是選擇在消失畫素正上方和左邊的畫素。

　　以上解壓縮的結果在圖的右邊，大部分的視覺特點被保留，但是品質和細節方面有一定程度的損失，特別是在樹、塔樓的屋頂以及房屋三角牆的紋飾等複雜部分。此外特別是80×60的解壓縮版本，你會看到一些礙眼的鋸齒狀邊緣，例如在房子屋頂的對角線，這些都是我們所稱的「壓縮加工品」（compression artifacts）。除了損失細節外，也包括肉眼可見的新特點在內，而這些都是先經過有損失壓縮之後解壓縮才出現的。

　　事實上，刪除的技法很少以此處說明的簡單形式被使用。電腦在進行有損失壓縮時確實會「忽略」一些資訊，但是電腦更在意的是哪些資訊被忽略。最常見的是JPEG的圖像壓縮檔，JPEG是經過仔細設計的圖像壓縮技術，表現遠優於每兩行和每兩列刪除一次的效果。看一下圖7-4，跟圖7-3比較一下其品質和大小。最上面是35KB的JPEG圖像檔，但幾乎看不出

圖 7-4

JPEG（35KB）

JPEG（19KB）

JPEG（12KB）

在有損失壓縮法底下，較高的壓縮會導致較低的品質。同一張圖像以三種JPEG的品質表示，最上面的圖品質最高，也需要最多空間儲存。最下面的圖品質最低，需要的儲存空間不到一半，但這時出現了肉眼可辨識的壓縮加工，特別是在天空與屋頂邊緣。

與原始圖像之間的差異。因此，繼續採取JPEG的格式同時刪除更多資訊，可以如中間的圖那樣把圖像大小降到19KB卻仍保有良好的品質，只不過你會在房子的紋飾上看到一些模糊以及細節的省略。不過，如果壓縮得太過火，就連JPEG也還是會有壓縮加工的問題，下方的圖會看到JPEG圖像壓縮到僅剩12KB時，天空出現塊狀的現象，房子對角線旁邊的天空也出現一些讓人不悅的汙點。

　　JPEG的刪除技法的細節，因為太過技術性而無法在此詳述，但是基本的概念相當直白。JPEG先把整個圖像切割成是由8×8畫素的小正方形所組成，每個小正方形分別被壓縮。請注意，在未被壓縮的情況下，每個小正方形可以用8×8=64個數字來表示。（我們假設圖片是黑白色的。如果是彩色圖像，就會有三種不同的顏色，因而會有三倍的數字，但我們先不管這些細節。）如果小正方形剛好全都是同一個顏色，整個小正方形就可以用一個數字代表，於是電腦就可以「忽略」63個數字。如果小正方形多半是同一個顏色，只有一些極小的差異（例如天空的某一塊幾乎是同一個灰階），這時電腦就可以決定用單一數字來代表這個小正方形，而壓縮後的小正方形在稍後解壓縮時只會有少量誤差。圖7-4最下方的圖，可以看到天空中有幾個8乘8的區塊就是用這個方式壓縮的，形成一些單色的小區塊。

　　如果8乘8的小正方形在顏色的變化上是平順的（例如從

左邊的淺灰到右邊的深灰），那麼64個數字會被壓縮到只剩下兩個，也就是深灰、淺灰的數值。JPEG演算法的運作方式與這裏所述並不完全相同，但是概念一樣，如果8乘8的小正方形非常接近已知模式的組合，例如固定的顏色或漸層色，那麼大部分的資訊都可以被拋掉，只儲存每個模式的程度或數量。

　　JPEG很適合用在相片上，而影音檔案也是使用有損失壓縮法，且基本原理相同，就是忽略對最終產品幾乎沒有影響的資訊。MP3和AAC等常用的音樂壓縮格式，通常使用和JPEG相同的高階法，聲音檔被切割成一塊塊，每一塊分別被壓縮，凡是其變化是可預測的區塊，就可以如JPEG一樣只用幾個數字來代表即可。而聲音的壓縮格式也可以利用人耳的已知特性，特別是有幾種型態的聲音對人類聽眾來說幾乎或完全沒有影響，可以被壓縮演算法排除，而不降低輸出品質。

壓縮演算法的由來

本章介紹的同前技法，是ZIP檔案的主要壓縮法之一，也是電腦科學家口中的LZ77演算法，這是由兩位以色列的電腦科學家藍佩爾（Abraham Lempel）和季夫（Jacob Ziv）所發明，於1977年公開。

　　不過若要追溯壓縮演算法的來源，要將科學史往回推三十年。前面提到貝爾實驗室的科學家夏農於1948年發表的論文，

確立了資訊理論的領域。夏農是偵錯碼（第五章）故事的兩位主角之一，不過他和他1948年的論文在壓縮演算法的興起中，也扮演了重要的角色。

　　這並非偶然。偵錯碼和壓縮演算法其實是一體的兩面，兩者終歸和冗餘的概念有關，第五章已花了很大篇幅介紹。如果檔案有冗餘，就一定有不必要的部分，在第五章的簡單例子中，檔案使用five而不是5，像fivq這樣的錯誤就可以被輕易辨識而修正，因此偵錯碼在原則上就是添加冗餘到訊息或檔案的做法。

　　壓縮演算法則剛好相反，是從訊息或檔案移除冗餘。想像一個壓縮演算法注意到某個檔案經常使用five這個字，於是用比較短的符號來取代（甚至可能是符號5），這就和偵錯的編碼程序剛好相反。但是實務上壓縮和偵錯不會像這樣彼此抵消，好的壓縮演算法會消除無效率的冗餘，而偵錯編碼則是增添一種更有效率的冗餘，因此先壓縮訊息然後添加錯誤更正碼，是很常見的做法。

　　回到夏農。他的1948年論文做出許多卓越的貢獻，還包括提出一種最早的壓縮技術。麻省理工學院教授法諾（Robert Fano）也大約在同一時間發現這項技術，也就是現在所知的夏農法諾編碼法（Shannon-Fano coding），事實上它是執行較短符號技法的一種特殊方式。之後將會提到，夏農法諾編碼法很快就被另一個演算法取代，然而它還是個很有效的方法，至今

依舊是ZIP檔案壓縮法的選項之一。

　　夏農和法諾都注意到，雖然他們的方法務實又有效率，但卻不是最佳的。夏農用數學證明更好的壓縮技術一定存在，只是還沒被發現而已，同時法諾開始在麻省理工學院的研究所教授資訊理論，他把「如何達到最適壓縮」當作該課程的學期報告的主題之一，結果有個學生竟然解開了這個問題，他創造一種方法替每個符號製造出最好的壓縮方式，這個學生就是霍夫曼（David Huffman），他的霍夫曼編碼法（Huffman coding）是較短符號技法的另一個例子。霍夫曼編碼至今仍是基本的壓縮演算法，而且被廣泛運用在通訊和資料儲存系統上。

第8章

資料庫：

追求一致性

「資料、資料、資料！」他不耐煩地大喊。「沒有泥土我可
做不出磚頭來。」

——柯南道爾著《銅山毛欅案》

（*The Adventure of the Copper Beeches*）中的福爾摩斯

　　想像以下的神祕儀式。有個人從書桌上拿起一本特殊的紙本（叫做支票本），在上面寫下數字，然後龍飛鳳舞地簽了名，接著這人撕下這一頁放進信封裏，在信封前面再黏上另一張紙片（叫做郵票），最後帶著信封出門，來到一個大箱子前，把信封投進去。

　　在進入二十一世紀之前，以上是每個人付帳單的必經過程，包括電話帳單、電費、信用卡簽帳費等等，在那之後線上帳單支付和線上金融系統開始出現，這些系統的簡單便利，使得過去以紙張為基礎的方法相較之下顯得費事又無效率。

　　是什麼技術促成這樣的轉變？最直接的答案是網際網路的到來，少了它就無法達成任何形式的線上溝通。另一個關鍵性技術則是第四章的公鑰加密，少了公鑰加密，敏感的金融資訊就無法在網際網路上安全傳輸。不過，至少還有一個技術是線上交易不可或缺的，也就是資料庫（database）。我們身為電腦使用者通常不會意識到這一點，但是幾乎所有線上交易都是使用 1970 年代以來電腦科學家所開發完備的資料庫技術來處理。

　　資料庫牽涉到交易處理的兩大議題，也就是效率和可靠性。資料庫透過演算法提供效率，讓幾千個顧客同時進行交易而不會導致衝突或不一致；此外資料庫透過演算法提供可靠性，讓資料在經歷電腦組件的故障時依然完好無缺，例如硬碟之類的故障通常會造成嚴重的資料毀損。線上金融則是需要卓越的效率（才能一次服務很多顧客又不製造任何失誤或不一致）與百

分之百的可靠,因此本章的討論將不時回到線上金融的例子。

本章將介紹資料庫背後三個很基本而美麗的概念,也就是預寫日誌(write-ahead logging)、兩階段承諾(two-phase commit)以及關聯式資料庫(relational database)。這些概念讓儲存特定重要資訊型態的資料庫技術確立了霸主地位。跟之前一樣,我們將焦點放在每個概念背後的核心精神,並且直指讓這些概念發揮功用的技法。預寫日誌可以歸結到「待辦事項技法」(to-do list trick),我們會先介紹它。接著會介紹兩階段承諾的協定,透過簡單但威力強大的「先準備再承諾技法」(prepare-then-commit trick)說明。最後將說明「虛擬圖表技法」(virtual table trick),一窺關聯式資料庫的奧祕。

不過,了解這些技法之前,先來揭開資料庫的神祕面紗。事實上即使在技術性的電腦科學文獻裏,對「資料庫」的定義都還是眾說紛紜,因此要給出一個正確的定義是不可能的。不過大部分的專家都會同意,資料庫最重要的特質是,資料庫中的資訊具備事先定義好的架構,而這也是資料庫不同於其他儲存資訊方式之處。

為了了解「架構」的意義,先讓我們看看什麼叫做無架構的資訊:

羅西娜三十五歲,她是麥特的朋友,麥特二十六歲。靜宜三十七歲,桑迪普三十一歲,麥特、靜宜和桑迪普彼此是朋友。

　　以上正是臉書、MySpace 等社交網站需要儲存的會員資訊。但是當然資訊不會以沒有架構的方式儲存，以下是同樣的資訊在遵循某種架構之後的樣子：

姓名	年齡	朋友
羅西娜	35	麥特
靜宜	37	麥特、桑迪普
麥特	26	羅西娜、靜宜、桑迪普
桑迪普	31	靜宜、麥特

　　電腦科學家稱這種架構為「表格」（table），表格上每一行是一件事的資訊（在此是人），每一欄是特定型態的資訊，如人的年齡或名字。資料庫通常是由許多表格組成，但我們這裏的例子將它簡化，只使用一個表格。

　　顯然無論是人類或電腦，運用表格式的有架構資料會比較有效率，而不是上例中沒有架構的文字，但是資料庫除了容易使用之外還有更多優點。

　　我們的資料庫之旅要先談一個新的概念，那就是一致性（consistency）。我們很快會發現，資料庫的操作人員相當執著於一致性，而且這麼做有充分的理由。一致性代表資料庫中的資訊不會自相矛盾，而矛盾或不一致正是資料庫管理員的最大噩夢。但是，不一致是如何發生的？想像上面表格的前兩行被悄悄更動過，變成了：

姓名	年齡	朋友
羅西娜	35	麥特、靜宜
靜宜	37	麥特、桑迪普

　　你看出問題了嗎？根據第一行，靜宜是羅西娜的朋友，第二行卻顯示羅西娜不是靜宜的朋友，這違反了友誼的基本概念——兩個人同時認定彼此是朋友。這個不一致的例子算是蠻溫和的，想像一個比較嚴重的情況，假設A和B結婚，但B又和C結婚，這在許多國家是違法的。

　　事實上，這種不一致在新資料加入資料庫時很容易避免，電腦很擅長遵守規定，要讓資料庫遵守「如果A和B結婚，B就一定是和A結婚」的規則並不困難，如果某人想輸入的資料違反了這個規則，就會收到錯誤訊息而無法輸入，因此制定簡單的規則以確保一致性，並不需要多高明的技法。

　　不過，還有其他的不一致需要更巧妙的解決方式。接下來說明。

交易與待辦事項清單技法

交易（transaction）在資料庫的世界中大概是最重要的概念了，但是為了了解什麼是交易，以及交易為什麼重要，我們需要了解關於電腦的兩件事實：第一是電腦程式會當掉，當程式

當掉，它會忘記自己正在做的一切，只有確實儲存到電腦檔案系統的資訊才會被保留。第二點比較少人知道，但十分重要，就是硬碟和隨身碟等電腦儲存裝置，一次只能寫入 500 個字元左右的小量資料（我指的是硬碟的磁區大小〔sector size〕通常是 512 bytes；而快閃記憶體的相關數量叫做頁的大小〔page size〕，也差不多是幾百或幾千 bytes）。我們身為電腦使用者，幾乎不會去注意到裝置上對於即時儲存資料大小的限制，因為現代的儲存裝置每秒鐘可執行幾十萬次的 500 字元的寫入，但這不會改變儲存裝置的內容一次只能改變幾百個字元的事實。

這跟資料庫有什麼關係？它造成一個極端重要的後果，那就是電腦通常一次只能更新資料庫中的一行。上面的那個非常簡單的例子並不能真正說明這點，因為整個表格還不到 200 個字元，因此這個例子中的電腦能夠一次更新兩行資料，但一般來說凡是正常規格的資料庫，要改變兩行資料確實需要兩次硬碟的作業。

有了這些背景知識後，就來到問題的核心。許多看似對資料庫的簡單改變，其實都需要改變兩行甚至更多行資料才行。此外我們已經知道，改變兩行資料不能在一次的硬碟操作下完成，因此資料庫的更新將導致兩次或更多次硬碟操作，但是電腦隨時都可能當機，萬一電腦在兩次硬碟操作之間當機，結果會怎樣？電腦可以重新開機，但將會忘記它原本要進行的操作，有些必要的改變可能就此石沉大海。換句話說，資料庫可

能處在一個不一致的狀態！

　　當機之後的不一致問題或許看來像個假設性的問題，因此對於這個重要問題，我們來看兩個例子。首先是比上面更簡單的例子：

姓名	朋友
羅西娜	無
靜宜	無
麥特	無

　　這個無趣的資料庫，列了三個孤獨的人。假設羅西娜和靜宜成了朋友，我們想要更新資料庫來反映這件好事，這個更新需要改變以上表格的第一行和第二行——如剛才所說的，這通常需要硬碟分別操作兩次。假設第一行先被更新，然而就在更新後，電腦還沒執行第二行更新前，資料庫是像這樣：

姓名	朋友
羅西娜	靜宜
靜宜	無
麥特	無

　　目前一切都沒問題，現在資料庫的程式只需更新第二行就完成了，但是萬一電腦現在當機怎麼辦？電腦重新啟動後，完全不知道第二行還需要被更新，於是資料庫就會留在以上所顯

示的狀態，羅西娜是靜宜的朋友，而靜宜卻不是羅西娜的朋友，於是可怕的不一致就發生了。

我之前提到應用資料庫的人們相當執著於一致性，在上例中或許看起來沒什麼，如果靜宜在某處被記錄為朋友，在另一處卻沒有，那又怎樣？我們甚至可以想像有個自動化的工具不時地掃描資料庫，尋找類似的差異之後加以更正。事實上類似的工具確實存在，而且被用在一致性不是最重要的一些資料庫。或許你也曾經碰到過有些作業系統在當機後重開機時，會檢查整個檔案系統尋找不一致的情形。

不過，不一致造成傷害且無法被自動工具改正的情況也確實存在，典型的例子就是在銀行帳戶之間轉帳。以下是另一個簡單的資料庫：

帳戶名稱	帳戶類別	帳戶餘額
莎迪	支票存款	$800
莎迪	儲蓄存款	$300
佩卓	支票存款	$150

假設莎迪要求從她的支票存款帳戶轉 200 元到她的儲蓄存款帳戶。跟前面的例子一樣，這麼做需要更新兩行資料，使用兩次的硬碟操作。首先莎迪的支票存款帳戶餘額將降為 $600，接著她的儲蓄存款帳戶餘額將增加為 $500。萬一在這兩次操作之間發生當機，資料庫就會變成：

帳戶名稱	帳戶類別	帳戶餘額
莎迪	支票存款	$600
莎迪	儲蓄存款	$300
佩卓	支票存款	$150

　　這對莎迪是個不折不扣的災難。當機前莎迪的兩個帳戶共有$1100，現在只有$900。她沒有提領任何一塊錢，但是200元就這麼消失了！而且無法偵測到這一點，因為資料庫在當機後完全沒有出現自相矛盾的現象。我們現在遇到一個更微妙的不一致型態，也就是新的資料庫和當機前的狀態不一致。

　　這個重要現象值得更進一步研究。在第一個例子中，最後的資料庫一看就知道不一致，A是B的朋友，但B不是A的朋友，類似的不一致現象只要檢視資料庫就能偵測出來（雖然偵測的過程可能很花時間，如果資料庫裏有幾百萬筆，甚至幾十億筆資料的話）。但是在第二個例子中，資料庫的現狀如果從單一個時點的角度來看，狀似沒有任何問題。並沒有一條規定說，帳戶餘額一定要是多少錢，或這些帳戶餘額之間有任何關係。儘管如此，只要檢視資料庫經過一段時間的狀態，還是能觀察到不一致的現象，此處有三件事實：一、莎迪在開始轉帳前共有1,100元；二、當機後她只有900元；三、在這當中她並沒有提領半毛錢。把這三點放在一起考慮就會出現不一致，但是這個不一致卻無法透過檢視某個時點的資料庫而被偵測出

來。

　　為了避免以上兩種型態的不一致，資料庫的研究人員想出了「交易」（transaction）的概念──如果要資料庫維持一致性，對於資料庫的一系列改變的動作必須全部執行才行。如果交易只有一部分的動作被執行了，並沒有全部執行，那麼資料庫就可能呈現不一致現象。這個觀念很簡單但卻發揮很大作用，資料庫的程式設計師可以發出一個「開始交易」的指令，接著對資料庫做出一系列可能彼此相關的改變，最後以「結束交易」結束。資料庫將保證程式設計師所做的改變全部都會被執行，即使跑這個資料庫的電腦在交易過程中當機了而且重新開機。

　　為了達到絕對正確，我們應該察覺到還有另一個可能性，那就是在當機又重開機後，資料庫有可能回到交易開始之前的狀態。如果是這樣，程式設計師將會收到交易失敗而必須重新輸入的通知，因此不會造成問題。本章稍後會介紹「迴轉」（rolling back）交易，到時候會再詳細討論這種可能性，但是就目前為止，關鍵是無論交易是完成還是迴轉，資料庫依舊是一致的。

　　根據目前為止的說明，我們對當機的可能性似乎有點杞人憂天，畢竟這種事在執行現代應用程式的現代作業系統來說是十分少見。關於這點要做兩個補充。首先，此處的當機是相當廣泛的概念，包含所有可能導致電腦停止運作而失去資料的意

外事件，例如電力中斷、硬碟故障等硬體功能不良，以及作業系統或應用程式的缺陷等。第二，即使以上這些廣義的當機相當少見，有些資料庫還是承擔不起這種風險，包括銀行、保險公司以及資料價值昂貴的某些機構，在任何情況下都不容許紀錄有任何不一致。

　　以上所說明的簡單解決之道（開始交易、執行所有必要的動作、結束交易）似乎完美到不像是真的。其實，運用以下相對簡單的「待辦事項」技法就能辦得到了。

待辦事項清單技法

不是每個人都井然有序。但無論是否井然有序，我們都見過井然有序的人使出一項必殺絕技，那就是「待辦事項清單」（to-do list）。或許你並不喜歡這種做法，但是待辦事項清單的功用卻是不爭的事實。如果你一天當中要完成十件事，把這些事情記下來，而且最好是採取有效率的排序方式，如此就有了好的開始。當你在一天當中變得無所適從（也就是「當機」），待辦事項清單就特別有用，如果你因為什麼原因而忘記還有哪些事該完成，趕快瞄一眼清單就能想起來。

　　資料庫交易就是採用一種特殊的待辦事項清單，因此我們稱之為「待辦事項清單技法」，電腦科學家則稱之為「預寫日誌」（write-ahead logging）。基本概念是一筆筆記下資料庫準備採取的動作，這份日誌就儲存在硬碟等永久性的儲存裝置裏，

因此日誌中的資訊即使經歷當機後重開機，依然會完好無缺。
在某個特定交易進行任何動作前，這些動作都要先記錄在日誌
中而且存入硬碟。如果交易成功地做完了，就將這個交易的待
辦事項清單從日誌中刪除，如此可以節省一些空間。因此前面
提到的莎迪的轉帳交易，將採取兩大步驟。首先，資料庫的表
格維持不變，我們將交易的待辦事項寫在日誌中：

帳戶名稱	帳戶類型	帳戶餘額
莎迪	支票存款	$800
莎迪	儲蓄存款	$300
佩卓	支票存款	$150

預寫日誌
1. 開始轉帳交易
2. 將莎迪的支票存款餘額，
   從 $800 改成 $600
3. 將莎迪的儲蓄存款餘額，
   從 $300 改成 $500
4. 結束轉帳交易

　　日誌的輸入資料確定儲存到硬碟等永久性儲存裝置後，接
著依照計畫對表格做出改變：

帳戶名稱	帳戶類型	帳戶餘額
莎迪	支票存款	$600
莎迪	儲蓄存款	$500
佩卓	支票存款	$150

預寫日誌
1. 開始轉帳交易
2. 將莎迪的支票存款餘額，
   從 $800 改成 $600
3. 將莎迪的儲蓄存款餘額，
   從 $300 改成 $500
4. 結束轉帳交易

　　假設這些改變都被存檔了，那麼日誌中的待辦事項就可以刪除。

　　不過，以上是沒出問題的情況。萬一電腦在交易當中無預警當機呢？和之前一樣，假設當機發生在莎迪的支票存款帳戶餘額被扣，但儲蓄存款帳戶尚未增加之前，電腦重開機且重新開啟資料庫，結果在硬碟上發現以下資訊：

帳戶名稱	帳戶類型	帳戶餘額
莎迪	支票存款	$600
莎迪	儲蓄存款	$300
佩卓	支票存款	$150

預寫日誌
1. 開始轉帳交易
2. 將莎迪的支票存款餘額，從 $800 改成 $600
3. 將莎迪的儲蓄存款餘額，從 $300 改成 $500
4. 結束轉帳交易

　　現在，電腦將會知道它在當機時可能正在進行某筆交易，因為日誌提供了一些資訊。但是，我們如何分辨日誌上的計畫要做的四個動作中，哪些動作已經執行，哪些還沒執行？答案是：沒差！理由是，我們在建構資料庫日誌的每一筆資料時，會確保它無論是執行一次、兩次或任何次數，都產生相同的效果。

　　以上的專業用語叫做冪等（idempotent），電腦科學家會說日誌裏的每一個動作一定要是冪等。來看第二個動作「將莎迪的支票存款餘額，從 $800 改成 $600」，無論莎迪的帳戶餘額多

少次被設定為 $600，其最後的結果都一樣。因此如果資料庫在
當機後重開機，從日誌裏看到這筆輸入的資料，它都可以安心
地去執行這個動作，不用擔心當機前是否已經執行過了。

因此，當機後重開機時，資料庫可以將日誌中的動作再全
部執行一遍，就沒問題了。即使當機時交易未完成，也很容易
處理——當一組輸入日誌的動作還未進行到「結束交易」，那
麼只要以相反的順序還原，讓資料庫回到彷彿交易從未開始過
一樣即可。以下探討複製資料庫時，將再回到這個「迴轉」交
易的概念。

原子的比喻

還可以用另一種方式來了解交易。從資料庫使用者的觀
點，每筆交易如原子一般微小。雖然物理學家幾十年前就知道
如何分裂原子，但原子的原始意義來自希臘，意思是「不可分
割」。當電腦科學家說到「原子」，他們指的就是這個原始意
義，因此一個像原子般微小的交易不能再被分割，要嘛就是整
樁交易成功完成，不然資料庫就要處在原始狀態，彷彿交易從
未開始。

因此，待辦事項清單技法給了我們原子般不可分割的交
易，從而確保一致性。然而，光靠一致性無法帶來足夠的效率
或可靠度，但是，只要待辦事項清單技法再加上閉鎖技術（稍
後會解釋），即使幾千個顧客同時使用資料庫，也能維持一致

性。能一次服務許多顧客確實帶來可觀的效率，此外待辦事項清單技法也是衡量可靠度的好方法，因為它防止不一致的情況發生。明確地說，待辦事項清單技法能夠避免資料崩壞，但是無法避免資料的損失（loss）。下一個資料庫的技法（準備然後承諾的技法），則讓我們更接近防止資料損失的目標。

複製資料庫所用的「準備然後承諾技法」

接著來到準備然後承諾技法（prepare-then-commit trick），在此要知道關於資料庫的兩件事：首先，我們經常會複製資料庫，也就是讓資料庫的幾個備份被儲存在不同的地方；其次，我們有時必須取消資料庫的交易，也就是「迴轉」（rolling back）或「中止」（aborting）交易。以下將簡述這兩個概念，之後再進入準備然後承諾技法。

複製的資料庫

利用待辦事項清單技法，我們能夠「完成」或「迴轉」所有在當機期間正在進行的交易，從而恢復資料庫，不過這是假設當機前儲存的所有資料都還在，萬一硬碟遭到永久性損壞而喪失部分或全部的資料呢？這只是資料永久性喪失的許多方式之一，其他原因還包括程式或作業系統錯誤以及硬體故障，以上任何問題都可能導致電腦把你以為安全儲存在硬碟中的資料

蓋掉，將原來的內容抹去而變成垃圾。待辦事項清單技法在此顯然幫不上忙。

不過，某些情況下不容發生資料損失，如果銀行弄丟你的帳戶資訊，可能面臨嚴重的法律和財務懲罰；證券公司執行你下的交易單卻弄丟了交易明細也會導致嚴重後果；大型線上零售的業者（如eBay和亞馬遜）根本禁不起喪失或弄壞任何顧客的資訊。但是在一個擁有幾千台電腦的資料中心，每天都會有許多元件故障（特別是硬碟），每天也都有資料在這些元件上喪失，銀行在面對突如其來的打擊時，如何確保你的資料安全無虞？

最明顯且最被廣泛使用的，就是保有兩份或多份資料庫。每一份拷貝被稱為複本（replica），所有複本合起來被稱為複製的資料庫（replicated database）。複本經常分別存放在不同地點（或許是存放在相隔數百英哩的不同資料中心），如此一來如果其中一份因為天然災害而損失殆盡，另一份複本還可以使用。

我曾聽某家電腦公司提過，在經歷九一一事件後該公司客戶的遭遇。這家電腦公司有五家大客戶在紐約世貿中心的雙塔，他們使用的資料庫都有備份，其中四家客戶靠著複本資料庫而營運幾乎不受影響，但是第五家客戶的複本就放在雙塔一邊一個，結果兩份都喪失了！後來這個客戶從公司外的存檔備份將資料庫修復後，才總算恢復營運。

　　複製的資料庫與保存資料「備份」（backup）的概念完全不同。備份是資料在某特定時點的「快照」，以人工備份來說，快照是在你執行備份程式的時候，至於自動備份則經常以每週或每天的特定時間對系統快照，例如每天早晨兩點鐘。換句話說，備份是某些檔案、資料庫或任何你需要多一份拷貝的完整複本。

　　不過，備份在定義上不盡然是最新的，如果在備份後做了某些更動，這些更動並不會被儲存在其他任何地方。相對來說，複製的資料庫則是隨時同步維護資料庫的所有拷貝，每次資料庫的任何一筆資料有了最些微的更動，所有複本必須立即做同樣的更動。

　　複製顯然是防止資料喪失的好方法，但複製也可能帶來另一種不一致現象：如果一份複本的資料不知為何跟另一份複本不同，我們該怎麼辦？這時複本彼此不一致，也就很難甚至不可能判斷究竟哪一份複本才是正確版本。我們在探討過如何做迴轉交易後，將回到這個議題。

迴轉交易

前面提到交易是對資料庫做的一組改變動作，這些動作必須全部發生，才能確保資料庫保持在一致的狀態。早先討論交易時，關心的多半是確保即使交易進行到一半資料庫當掉，交易仍然要完成。

　　但有時因為某些原因而不可能完成交易，例如當交易需要增添大量資料到資料庫，而電腦在半途卻用盡了硬碟機的空間，這是非常罕見但卻很棘手的情況。

　　交易無法完成的更常見原因，則是和資料庫的所謂閉鎖（locking）的概念有關。繁忙的資料庫通常有許多交易同時在執行（想像如果你的銀行在任何時間只容許一位顧客轉帳，這套線上金融系統的績效將令人抓狂）。但是在交易過程中，資料庫的某一部分往往必須保持在凍結狀態。例如，交易 A 是更新羅西娜現在與靜宜成為朋友，這時如果同時執行交易 B，也就是將靜宜從資料庫中刪除，結果將會是一場災難。因為，交易 A 會鎖住資料庫中包含靜宜資訊的部分，也就是資料被凍結，其他交易都無法改變。在多數資料庫中，交易可以鎖住個別的行或列或整個表格，顯然任何時間只有一筆交易能鎖住資料庫的某特定部分，一旦交易成功完成，它就會將之前鎖住的所有資料「解鎖」，之後其他的交易才能對先前被凍結的資料作更動。

　　一開始這似乎是個很棒的解決辦法，但它可能導致電腦科學家所稱的僵局（deadlock）窘境，如圖 8-1 所示。假設 A、B 兩筆很長的交易同時在執行，一開始就如圖的最上方，資料庫的內容完全沒有被閉鎖。稍後如圖的中間部分，交易 A 將包含瑪莉資訊的那一行鎖住，交易 B 則是將包含佩卓資訊的那一行鎖住。又經過一段時間，交易 A 發現它需要鎖住佩卓的那一

圖8-1

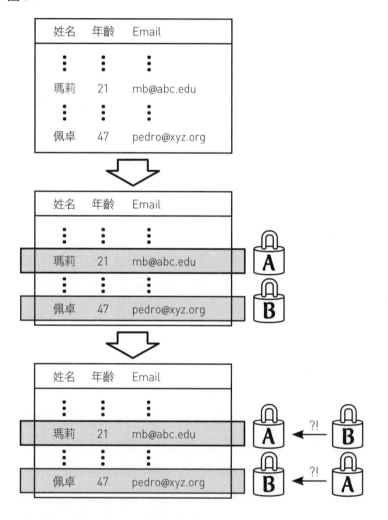

僵局：當A、B兩筆交易都想鎖住同一行而且順序相反，這時兩筆交易就呈現僵局狀態，導致雙方都動彈不得。

行，而交易 B 則發現它需要鎖住瑪莉的那一行，圖的最下方顯示這個狀況。現在交易 A 需要鎖住佩卓的那一行，但任何時間只有一筆交易能鎖住任何一行，那就是交易 B！於是交易 A 必須等到交易 B 結束才行。但是交易 B 要等到將瑪莉那一行鎖住才能結束，而瑪莉那一行卻已經被交易 A 鎖住，於是交易 B 必須等到交易 A 完成才能進行。A 和 B 就此「陷入僵局」，因為任何一方都必須等對方進行。僵局將永遠持續下去，這些交易也將永無完成之日。

　　電腦科學家曾經仔細研究過僵局狀態，許多資料庫會定期執行特殊的僵局偵測程序，發現僵局時，其中一個陷入僵局的交易就被取消好讓另一筆交易得以進行。但是請注意，這種情況就像在交易途中用光了硬碟空間一樣，也需要能中止或迴轉已經被部分完成的交易才行。因此我們現在至少知道交易需要迴轉的兩個理由了。迴轉交易的理由還有很多但毋須細究，重點是，交易經常因為不可預知的理由而無法完成。

　　只要稍微改變一下待辦事項清單技法，就可以完成迴轉——預寫日誌必須有足夠的額外資訊，以便在必要時將每一個動作還原。（我們先前強調的是，每一筆輸入日誌的資料要包含夠多的資訊，以便在當機後能重新整個做一遍。）這點在實務上很容易辦到。事實上，在先前提過的簡單例子中，還原和重做是一模一樣的。例如一個動作「將莎迪的支票存款餘額從 $800 改為 $600」很容易就可以還原，只要把莎迪的支存餘額從

$600改回$800即可。結論是：如果交易需要迴轉，資料庫程式只要透過預寫日誌（也就是待辦事項清單）倒著走，將那個交易的每一個動作還原即可。

準備然後承諾的技法

現在來思考在複製的資料庫中做迴轉交易的問題，此處的重點是：其中一份複本可能遇到問題而需要迴轉，但其他複本不需要，例如一份複本已經沒有硬碟空間可供儲存，但其他複本仍有空間可使用。

　　用一個簡單的比喻或許有助於理解。假設你跟三位朋友想一同去觀賞一部最近上映的電影，假設故事發生在1980年代，當時電子郵件尚未出現而必須透過電話約定，你怎麼辦？以下是一種可能的方法。首先決定一天的某段時間是你有空而且就你所知朋友也合適的，假設你選了禮拜二晚上八點鐘，下一步是打電話給其中一位，問對方這個時間是否有空，如果答案是有空，你大概會說：「太好了，請你把日期和時間記下來，我晚一點再打電話跟你確認。」接著你打電話給下一位說同一件事，最後打給最後一位朋友，如果大家禮拜二晚上八點都有空，你就可以做出最後決定，確認大家可以一起看電影，然後一一通知這些朋友。

　　以上是簡單的狀況。萬一其中一位朋友禮拜二晚上八點沒空，這時你就得把目前為止所做的一切迴轉，從頭開始。你大

概會——通知然後立即建議一個新的日期時間，但為了簡化起見，就假設你打電話給每一位朋友說：「抱歉，禮拜二晚上八點不行，把這件事從日曆上劃掉，我很快會再打電話給你，建議一個新的日期時間。」接著你再從頭開始整個過程。

　　你策畫大家一起去看電影，有兩個明顯的階段。第一個階段中，你提議了日期和時間但尚未定案，一旦你發現你的提議對每個人都可行，你就知道現在這個日期時間已經成局，但其他人都還不知道。因此，第二階段是你打電話給朋友確認這件事。另一方面，如果其中一位或多位朋友沒辦法赴約，第二階段就變成一一致電取消。電腦科學家稱之為兩階段承諾協定（two-phase commit protocol），我們則稱之為準備然後承諾（prepare-then-commit）技法，第一階段是準備階段，第二階段是承諾或中止階段，端視最初的提議是不是被每個人接受。

　　有趣的是，這個比喻中隱含著資料庫閉鎖的概念。雖然沒有明白討論到這點，但你的每位朋友在記下看電影這件事的時候，也就代表他們承諾禮拜二晚上八點不再排其他事情。直到他們接到你的確認或取消電話前，日曆上那一天的那個時間都是被閉鎖的狀態，無法被任何其他「交易」改變。如果在第一階段後但在第二階段前，某人打電話給你的朋友，提議禮拜二晚上八點去看籃球比賽，你的朋友應該會說：「抱歉，我那個時間已經有約在先，在確定之前都沒辦法跟你敲定去看籃球比賽。」

圖 8-2

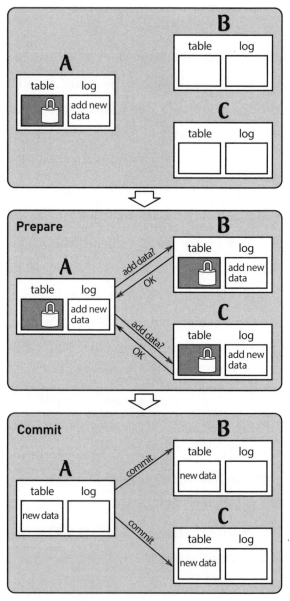

準備然後承諾的技法：做為原版的複本 A，協調另外兩個複本 B 和
C，以增加新資料到表格。在準備階段中，原版檢查是否所有複本都
能完成交易：等回報都沒問題，原版即通知所有複本完成交易。

圖 8-3

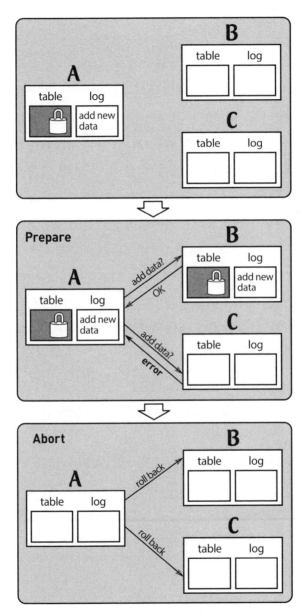

準備然後承諾的技法，再加上迴轉：最上方和圖 8-2 完全相同，但在
準備的階段中，其中一份複本遇到錯誤，因此最下方是個「中止」階
段，每一份複本都必須迴轉交易。

　　圖8-2說明，如何將準備然後承諾的技法用在複製的資料
庫上。通常會有一份資料庫是負責協調交易的「原版」，假設
共有ABC三份資料庫，其中A是原版。資料庫需要執行一項
交易，將一行資料插入某個表格中，準備階段首先是A將表格
鎖住，接著將新資料寫入預寫日誌中，同時A將新資料傳送給
B和C，B和C也將自己那一份的表格鎖住，把新資料寫入他
們的日誌裏，然後B和C回報給A他們是否成功完成這些事，
於是第一階段結束。如果A、B或C遇到問題（例如用光了硬
碟空間或未能鎖住表格），原版A知道這時交易一定必須迴轉
並通知所有複本（請參考圖8-3）。但是，如果所有複本在準備
階段回報成功，這時A會傳送訊息給每一份複本以確認交易，
複本則接著完成交易（如圖8-2）。

　　目前為止我們有兩個資料庫技法可用，也就是待辦事項清
單技法和準備然後承諾技法，只要結合這兩個技法，你的銀行
以及任何網路上的實體，都可以用不可分割的極小交易來建置
複製的資料庫，如此就可以在同一時間提供有效率的服務給許
許多多顧客，而且幾乎不可能發生不一致或資料喪失的情況。
但是我們還沒進入核心，也就是資料的架構方式以及查詢的回
答方式，最後一個資料庫的技法將提供一些答案。

關聯式資料庫與虛擬表格技法

目前為止的所有例子中，資料庫都是只由一個表格構成。但是現代資料庫技術最屬害的地方，在於資料庫能擁有許多表格，每個表格各自儲存資訊，但不同表格中的項目往往以某種方式相互關聯。因此一家公司的資料庫可能包含顧客資訊、供應商資訊和產品資訊等表格，但是顧客表格可能提到產品表格中的貨品，因為顧客會訂購商品，至於產品表格則會提到供應商表格中的貨品，因為產品是用供應商的貨品製造出來的。

讓我們看一個簡單但實際的例子：大學會儲存一些資訊，詳細記載哪些學生修哪幾門課。為了簡化起見，例子將只有幾位學生和幾門課，但同樣原理可適用於更大量的資料。

首先看資料如何以本章所介紹的方法儲存在單一表格裏，如圖8-4的上半部。這個資料庫中有十行和五欄，簡單計算資料庫的資訊量就是10乘以5，也就是有50筆資料在資料庫裏。現在請仔細看一下這個表。這些資料的儲存方式，是否有讓你看不順眼之處？你有沒有看到無謂的資料重複？你想得出更有效率的方式來儲存同樣的資訊嗎？

或許你已發現，修每一門課的學生，後面都跟了一長串的該課程資訊。例如有三個學生修ARCH101，關於這門課的詳細資訊（包括課程名稱、授課教師和教室）就重複給這三位學生。要儲存這些資訊，更有效的方式是使用兩個表格，一個用

來儲存哪一門課有哪些學生修習，另一個則儲存每門課的詳細情形。兩個表格的方法如圖8-4的下半部所示。

這種多表格方法的優勢之一，就是所需的儲存總空間下降。這個新方法使用一個10行乘以2欄（20筆資料）和一個3行乘以4欄（12筆資料）的表格，總共有32筆資料。相比之下，單一表格則需要50筆資料來儲存完全相同的資訊。

減少資料量究竟是怎麼辦到的？答案是消除了重複的資訊。這種做法不替每位學生修習的每一門課重複課程名稱、授課教師和教室，每門課的上述資訊只列出一次。然而現在課程編號出現在兩個不同地方，在兩個表格裏都有課程編號欄，因此，我們捨棄了大量的重複（即課程的詳細資訊）換來小量的重複（課程編號），整體來說還蠻划算的。這個小例子所節省的空間並不多，但你可以想像如果有上百名學生修每一門課，用這方法節省的儲存空間將會很可觀。

多表格方法還有一大優點。如果表格設計得正確，要改變資料庫將會很容易做到。假設MATH314的教室從560改成440，在單一表格法（圖8-4的上半部）需要分別更新四行，且這四處更新必須在單一交易中完成，以確保資料庫保持在一致的狀態。但是在多表格的方法下（圖8-4下半部）只需要改變一處，也就是改變課程資訊表格中的一筆資料即可。

圖 8-4

學生姓名	課程代號	課程名稱	授課教師	教室
法蘭切絲卡	ARCH101	考古學概論	布萊克教授	610
法蘭切絲卡	HIST256	歐洲史	史密斯教授	851
蘇珊	MATH314	微分方程	柯比教授	560
艾瑞克	MATH314	微分方程	柯比教授	560
瑞芝	HIST256	歐洲史	史密斯教授	851
瑞芝	MATH314	微分方程	柯比教授	560
比爾	ARCH101	考古學概論	布萊克教授	610
比爾	HIST256	歐洲史	史密斯教授	851
羅絲	MATH314	微分方程	柯比教授	560
羅絲	ARCH101	考古學概論	布萊克教授	610

學生姓名	課程代號
法蘭切絲卡	ARCH101
法蘭切絲卡	HIST256
蘇珊	MATH314
艾瑞克	MATH314
瑞芝	HIST256
瑞芝	MATH314
比爾	ARCH101
比爾	HIST256
羅絲	MATH314
羅絲	ARCH101

課程代號	課程名稱	授課教師	教室
ARCH101	考古學概論	布萊克教授	610
HIST256	歐洲史	史密斯教授	851
MATH314	微分方程	柯比教授	560

上：學生修課情形的單一表格資料庫。

下：同樣的資料用兩個表格儲存將更有效率。

鍵

此處值得一提的是，上例僅使用兩個表格，但真正的資料庫往往包含許多表格，也可能需要添加新表格，例如一個表格可能是包括每位學生的詳細資料如學生證號碼、電話號碼和住家地址；每位授課教師也可能會有一個表格，列出電郵地址、辦公室地址和辦公時間。每個表格的設計是要讓大部分的欄所儲存的資料在其他地方不重複，也就是每當需要某個項目的詳細資料時，就可以在相關表格中找到。

用資料庫的術語來說，表格中可用來「尋找」詳細資料的欄叫做鍵（key）。若要尋找瑞芝上歐洲史的課的教室，若是使用圖8-4上半部的單一表格法，只能夠逐行掃視直到找到瑞芝的歐洲史，接著來到教室欄，看到答案是851，但是在多表格法，我們一開始掃視第一個表格看到瑞芝歐洲史的課程代號是HIST256，接著用HIST256做為另一個表格的「鍵」，找到課程代號為HIST256的那一行，接著在同一行看到教室（851），請參考圖8-5。

這樣做的好處在於，資料庫可以以絕佳的效率找到鍵。這就跟查字典的方法類似。想一想你如何在字典中查到「認識論」（epistemology），你自然不會從第一頁開始掃視每個字，你會看頁頭標題，一開始先翻很多頁，而後當你快要找到那個字的時候，逐漸將翻的頁數減少。資料庫的查詢也是類似，只是比人類更有效率，這是因為資料庫可以預先計算要翻多少

圖 8-5

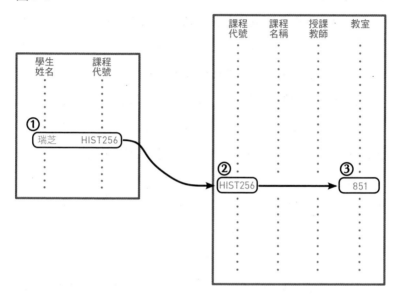

利用鍵查詢資料。為了找到瑞芝歐洲史的教室，先從左邊的表格中尋找相關的課程代號，於是 HIST256 就被當作另一個表格的鍵，由於課程代號的欄位是依字母順序排列，我們可以非常快速找到正確的行，接著找到相對應的教室（851）。

頁，並分別記錄所翻第一頁和最後一頁的標題。為了快速查詢而預先計算的翻頁頁數，在電腦科學中被稱為 B 樹（B-tree），B 樹又是一個現代資料庫賴以存在的重要概念，但在此並不詳述。

虛擬表格的技法

我們即將欣賞到現代多表格資料庫背後的壓軸技法，基本概念很簡單，雖然資料庫的所有資訊都儲存在一套固定的表格裏，其實只要有需要，資料庫隨時都能產生全新的臨時表格，我們稱之為「虛擬表格」（virtual table）以強調這些表格從未真正被儲存在某個地方，也就是說，每當需要這些表格回答某個查詢的時候，資料庫就創造它們，之後就將之刪除。

假設從圖8-4下半部的資料庫開始，有位使用者想查詢哪些學生修柯比教授的課，其中一種可能的方法，是先創造一個新的虛擬表格，列出所有課程的學生和授課教師，這只要透過接合（join）兩個表格這種特殊的資料庫操作就能辦到，基本概念是把一個表格的每一行跟另一個表格每一個對應的行合併，至於兩個表格的對應，是由出現在兩個表格的鍵那一欄所建立。例如當我們用「課程代號」做為鍵，把圖8-4下半部的兩個表格接合，結果會出現與該圖上半部完全相同的虛擬表格，每位學生的姓名與第二個表格的相關課程的所有細節合併，而這些細節則是以課程代號為鍵。當然，原始的查詢是關於學生姓名和授課教師，因此我們其實不需要其他欄位。幸好資料庫裏包含了推估（projection）的操作，讓我們可以把不需要的欄捨棄。因此在結合兩個表格的接合操作之後，緊接著是推估作業以消除不必要的欄，於是資料庫產生以下的虛擬表格：

學生姓名	授課教師
法蘭切絲卡	布萊克教授
法蘭切絲卡	史密斯教授
蘇珊	柯比教授
艾瑞克	柯比教授
瑞芝	史密斯教授
瑞芝	柯比教授
比爾	布萊克教授
比爾	史密斯教授
羅絲	柯比教授
羅絲	布萊克教授

接著資料庫使用名為「選取」（select）的作業，根據某些標準從表格中選取幾行同時捨棄其他行，製造出一個新的虛擬表格。在這個例子中，我們要尋找修柯比教授課的學生，所以需要進行選取作業，只選擇授課教師為柯比教授的那幾行，於是虛擬表格變成：

學生姓名	授課教師
蘇珊	柯比教授
艾瑞克	柯比教授
瑞芝	柯比教授
羅絲	柯比教授

查詢幾乎完成。現在我們需要另一個推估作業，將授課教師欄

刪除，只留下回答原始查詢的虛擬表格。

學生姓名
蘇珊
艾瑞克
瑞芝
羅絲

值得補充一些略帶技術性的細節。如果你熟悉資料庫的查詢語言SQL，或許會發現以上關於「選取」作業的定義蠻奇怪的，因為SQL中的選取指令不光只是能選取某幾行而已。此處的術語是來自資料庫作業的數學理論，也就是關聯性代數（relational algebra），而「選取」只是被用來選取行而已。關聯性代數也包含在查詢柯比教授的學生時使用的「接合」和「推估」作業。

關聯性資料庫

在互相關聯的表格中儲存所有資料的資料庫被稱為關聯性資料庫（relational database）。1970年時，IBM研究員卡德（E.F. Codd）在其重量級論文〈大型共用資料銀行的關聯性資料模型〉（A Relational Model of Data for Large Shared Data Banks）中提倡關聯性資料庫。關聯性資料庫就像許多偉大的科學觀念，如今觀之或許很簡單，但在當時卻代表高效儲存與資料

處理領域的大躍進，僅僅需要幾個作業（如前面提到的「選取」、「接合」和「推估」等關聯性代數作業）就足以產生虛擬表格，這些表格能回答幾乎所有關於關聯性資料庫的查詢。因此一個關聯性資料庫能夠將資料儲存在表格裏，這些表格的結構使得查詢可以很有效率，並且使用虛擬表格技法，來回答需要資料以不同形式出現的查詢。

　　這是關聯性資料庫被用來支援絕大多數電子商務活動的原因。每當你在網路上買東西，你會跟一堆關聯性資料庫的表格互動，這些表格儲存了關於產品、顧客和購買紀錄等資訊。我們在網路上經常被關聯性資料庫環繞而不自知。

資料庫的人性面

一般讀者或許會覺得，資料庫是本書中最無趣的主題，畢竟要對資料的儲存感到興奮是很困難的，但是在無趣的外表下，資料庫背後的概念卻是很精彩。資料庫不受硬體故障的限制，賦予線上金融等活動效率和堅若磐石的可靠度，待辦事項清單的技法給予我們如原子般的微小交易，使我們在許多顧客同時與資料庫互動下仍然保有一致性。這個高度併行性加上透過虛擬表格技法達到的快速查詢回應，讓大型資料庫也很有效率。待辦事項清單技法在面對故障時確保一致，加上準備然後承諾技法的複製資料庫，使資料兼具嚴密的一致性和持久性。

　　資料庫戰勝了不可靠的元件——也就是電腦科學家口中的「容錯」（fault-tolerance）——是許多研究人員花了數十年所得到的成果，但其中最重要的人物要屬葛瑞（Jim Gray），這位優秀的電腦科學家寫過一本談交易處理的書，書名是《交易處理：概念與技術》（*Transaction Processing: Concepts and Techniques*），1992年初版。可惜葛瑞的職業生涯早夭，2007年的某一天，他將私人遊艇駛出舊金山灣，過了金門大橋後進入大海，打算到鄰近幾座島嶼來個一日遊，之後葛瑞與他的船就失去蹤影。在這悲劇故事中有個窩心的插曲，那就是葛瑞的許多同行企圖用他的工具拯救他，他們將舊金山附近海域的最新衛星影像上傳到資料庫，讓朋友同事搜尋他的下落，可惜遍尋不著，電腦科學界的閃亮巨星也就此殞落。

第9章

數位簽章:

這軟體到底是誰寫的?

為了讓你知道你錯的多離譜,你的假設是多麼荒誕不經,
我擺一根菸在你面前……看好!你可以把它拿在手上,這
根菸如假包換。

——狄更斯(Charles Dickens),

《雙城記》(*A Tale of Two Cities*)

　　本書探討的所有觀念中，「數位簽章」（digital signature）的概念或許是最弔詭的。「數位」照字面解釋是「由一串數字所構成的」，因此凡是數位的東西都可以被拷貝，只要一一把這些數字拷貝起來即可，只要能夠讀，就能夠拷貝！但是，「簽章」的基本概念是可以被讀取但是除了簽章的人以外其他人都無法拷貝（也就是偽造）。要如何創造一個不能被拷貝的數位簽章？本章將探索這個弔詭現象的解決之道。

數位簽章究竟用來做什麼？

這問題似乎有點多餘：數位簽章是用來做什麼的？你可能會想，數位簽章可以用在跟書面簽章同樣的事情上，例如簽支票，或簽公寓租約之類的法律文件。但你只要稍微細想一下，就會明白不是這樣。每當你透過網路支付帳款，無論是用信用卡還是透過網路銀行系統，你有提供任何簽章嗎？沒有。通常網路上的信用卡支付是不需要簽名的，而網路金融系統也只需要用密碼登入以確認身分，但稍後進行支付時並不需要任何形式的簽章。

　　那麼，數位簽章在實務上究竟用來做什麼？答案跟你第一個念頭相反，不是在交給別人的文件上使用數位簽章，而通常是別人在傳送文件給你之前使用。你之所以沒有注意到這點，是因為你的電腦會自動地對數位簽章進行驗證。每當你試圖下

載並執行某個程式時，你的網路瀏覽器多半會檢查程式有沒有
數位簽章，以及它是否有效。接著電腦會顯示如圖9-1的警告。

圖9-1

你的電腦會自動檢查數位簽章。上：我試圖下載並執行一個具備有效
數位簽章的程式時，網路瀏覽器所顯示的訊息。下：數位簽章無效或
缺少數位簽章的情形。

如你所見，有兩種結果。如果軟體的簽章有效（如圖9-1的上半部），電腦就可以很肯定告訴你寫這個程式的公司是誰。當然這並不保證軟體是安全的，但至少你可以根據你對這家公司的信賴做決定。另一方面，如果簽章無效或無簽章，你完全無法確知軟體的來歷，即使你以為是從可靠的公司下載軟體，但很可能被哪個駭客用惡意軟體掉了包，又或許軟體是出自業餘人士之手，而這位業餘人士沒有時間或動機去創造有效的數位簽章。因此要由使用者的你來決定在這些情況下是否信賴這個軟體。

雖然數位簽章最常被用在軟體簽章上，但這絕非它唯一的應用。事實上電腦接收並認證數位簽章的頻率高得驚人，因為一些經常被使用的網路協定就是利用數位簽章來確認與你互動的電腦的身分。例如網址以https開頭的安全伺服器通常會先傳給你的電腦一個數位簽章的憑證後，才建立安全連線。數位簽章也被用來驗證許多軟體元件的真實性如瀏覽器插件（browser plugin），你在網上瀏覽時大概看過類似東西的警告訊息。

或許你還曾遇過另一種線上簽章，有些網站會要求你在網路表格上輸入姓名當作簽名。我有時在替學生填寫網路推薦信的時候會被要求這麼做，這不是電腦科學家所稱的數位簽章，因為凡是知道你名字的人，都可以不費吹灰之力偽造這種打字的簽字。本章將說明如何創造一個無法被偽造的數位簽章。

書面簽字

我們先從大家熟悉的書面簽字講起，接著慢慢來到真正的數位簽章。一開始，讓我們回到完全沒有電腦的世界吧，在這個世界上，確認文件真假的唯一方法是在紙上簽字，但是簽了字的文件是無法單靠自己來確認真假，例如你看到一張紙上寫著「我承諾支付一百元給法蘭西絲。簽字，拉斐」，如圖9-2上半部所示。你如何確認拉斐真的簽了這份文件？答案是你需要一些可靠的簽字卡供你比對拉斐的簽字，在真實世界中，銀行和政府部門就扮演這種角色，它們確實保存顧客的簽字檔案，必要時調出這些檔案來比對。在我們的例子中，想像有個可靠的機構叫做書面簽字銀行，會將每個人的簽字存檔，圖9-2的下方就是書面簽字銀行的示意圖。

拉斐在同意付款給法蘭西絲的文件上簽了字，為了認證本人簽字無誤，我們只需要到書面簽字銀行要求查看拉斐的簽字即可。在此我們做了兩個重要的假設：第一，我們假設銀行是可靠的。理論上銀行員工將拉斐的簽字跟冒牌貨掉包是有可能的，但在此忽略這個可能性。第二，我們假設冒牌貨不可能偽造拉斐的簽字。大家都知道這個假設大錯特錯，因為只要具備高明的技巧就可以輕易複製簽字，即使業餘者都可以造假到幾可亂真，儘管如此，我們還是必須假設簽字無法偽造，不然書面簽字就毫無效力了。稍後我們將明白為何數位簽章幾乎無法

圖 9-2

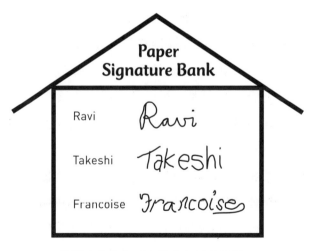

I promise to pay $100 to Francoise.

Signed,

Ravi

Ravi

一份有手寫簽名的書面文件。

Paper
Signature Bank

Ravi　Ravi

Takeshi　Takeshi

Francoise　Francoise

將顧客身分與手寫簽字存檔的銀行。

偽造，這也是數位簽章勝過書面簽字的一大優勢。

上鎖的簽字

數位簽章的第一步是完全捨棄書面簽章，改由上鎖、鑰匙和鎖箱來證明文件的真偽。在這套新方法下，每位參與者（在本例中是拉斐、Takeshi和法蘭西絲）都擁有大量的鎖，同一個人的鎖一定是一模一樣，因此拉斐的鎖全都是一樣的。此外，每位參與者的鎖必須互斥，也就是沒有人能製造或取得跟拉斐一樣的鎖。最後，本章所有的鎖有個很不尋常的特點，那就是這些鎖都附有生物測定感應器（biometric sensor）以確保只能被擁有者上鎖，因此如果法蘭西絲發現有個鎖是拉斐的，她不能用它來鎖住任何東西。當然拉斐也有一堆鑰匙來打開他自己的鎖，因為他所有的鎖都一模一樣，所有的鑰匙也是一模一樣。目前狀況如圖9-3。這就是所謂「實體鎖技法」（physical padlock trick）。

　　現在假設拉斐欠法蘭西絲100元，法蘭西絲想要為這事實留下一個可驗證的紀錄。換言之，法蘭西絲想要相當於圖9-2上圖的文件，但又不依賴書面簽字。於是拉斐製作一份文件，寫著「拉斐承諾支付100元給法蘭西絲」，但他不用簽字，他拷貝了這份文件，把它放進鎖箱中（鎖箱就是個堅固的箱子，可以用鎖鎖上）。最後拉斐用他的鎖鎖上箱子，把上鎖的箱子

圖 9-3

在實體鎖的技法中，每一位參與者都有大量的相同的鎖和鑰匙，而這些鎖和鑰匙跟別人的都不相同。

交給法蘭西絲（如圖9-4）。上了鎖的箱子就等於是在文件上簽名，之後我們會越來越明白這一點。當然，如果法蘭西絲或其他幾位可靠的見證人能親眼目睹簽字過程，那是最好的了，否則拉斐搞不好會把別的文件擺進箱子也說不定。（如果鎖箱是透明的就可以降低此疑慮。但畢竟數位簽章提供的是真偽辨識而非隱密性，透明的鎖箱與常理有些不符，在此不採取這個可能性。）

　　或許你已經看出，現在法蘭西絲要用什麼方法來辨認拉斐文件的真偽。如果任何人（甚至包括拉斐本人）試圖否認文件的真實性，法蘭西絲就可以說：「好的拉斐，請借我一下你的鑰匙，現在我要用你的鑰匙打開這個鎖箱。」法蘭西絲就當著拉斐和其他見證人的面（甚至是法庭的法官）打開鎖箱並展示內容物，接著法蘭西絲說：「拉斐，你是唯一能接觸到能用這

圖 9-4

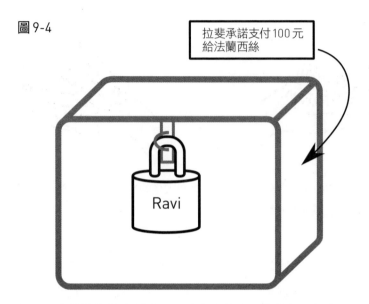

拉斐承諾支付100元
給法蘭西絲

為了用實體鎖的技法製造出可驗證的簽字，拉斐將一份文件放進鎖箱，然後用他的鎖將它鎖上。

個鑰匙打開的鎖的人，因此沒有其他人能夠對鎖箱的內容物負責。因此，你就是寫這字條並將它放入鎖箱中的人，你的確欠我100元！」

　　你若是第一次聽到這些可能會覺得太迂迴，但這種辨別真偽的方法既實際又有用。唯一的問題是需要拉斐的合作，法蘭西絲必須先說服拉斐把鑰匙借給她，她才能證明任何事情，但是拉斐可以拒絕甚至假裝合作，其實給她一副錯的鑰匙，而後當法蘭西絲打不開鎖箱，拉斐就可以說：「看吧，這不是我的

鎖，這份文件可能是有人偽造，背著我偷放進鎖箱裏的。」

　　為了防止拉斐耍詐，我們還需要訴諸銀行之類的可靠第三者，相對於圖9-2的書面簽字銀行，這次的銀行將會儲存鑰匙，因此參與者不給銀行一份自己的簽字，而是給銀行一把可打開自己的鎖的鑰匙。實體鑰匙銀行如圖9-5。

　　有了這家銀行後，實體鎖的技法就解釋完畢。如果法蘭西絲要證明拉斐寫了字據，她只需要連同幾位見證人將鎖箱帶到銀行，用拉斐的鑰匙打開就行了，鎖被打開證明唯有拉斐可以為箱子的內容物負責，而箱子裏裝的文件，正是法蘭西絲想要證明為真的東西。

圖 9-5

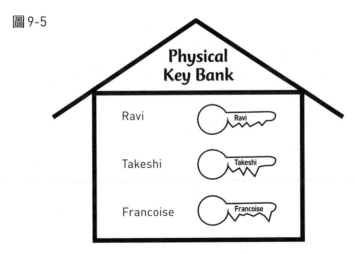

實體鑰匙銀行儲存的鑰匙，能打開每一位參與者的鎖。每個人的鑰匙都不相同。

利用乘法鎖來簽字

此處建構的鑰匙和鎖跟數位簽章所需的方法一樣。但是我們顯然無法將實體鎖和實體鑰匙用在必須以電腦傳輸的簽章上，因此下一步是以類似於數學的物件來取代鎖和鑰匙，說的白一點，鎖和鑰匙可以用數字來呈現，而上鎖或開鎖則由「時鐘算術的乘法」來呈現。如果你不太熟悉時鐘算術，現在是重溫第四章的好時機。

為了創造無法被偽造的數位簽章，電腦會使用巨大無比的時鐘尺寸（詳情參考第四章），長度通常有幾十或幾百個數字。但是在這裏，我們將使用小到不符現實的時鐘尺寸以方便計算。

在此所有的例子將使用時鐘尺寸11。由於會經常使用這個時鐘尺寸來做乘法，因此我製作了一個表格，列出所有11以下的數字相乘的結果（圖9-6）。例如動手計算7×5而不使用表格的話，首先用正規的算術計算，就是7×5=35，接著除以11後取餘數，35除以11後餘數為2，所以最終答案是2，表格上7那一行和5那一欄對到的答案是2。（你也可以用7那一欄和5那一行找出答案，順序無所謂，驗證一下就知道了。）再試著乘個幾次看看，確定你已經懂了。

現在我們要稍微改變一下問題。之前我們一直在設法讓拉斐「簽」一張借據給法蘭西絲，借據是用普通的英文寫成，但

圖 9-6

	1	2	3	4	5	6	7	8	9	10
1	1	2	3	4	5	6	7	8	9	10
2	2	4	6	8	10	1	3	5	7	9
3	3	6	9	1	4	7	10	2	5	8
4	4	8	1	5	9	2	6	10	3	7
5	5	10	4	9	3	8	2	7	1	6
6	6	1	7	2	8	3	9	4	10	5
7	7	3	10	6	2	9	5	1	8	4
8	8	5	2	10	7	4	1	9	6	3
9	9	7	5	3	1	10	8	6	4	2
10	10	9	8	7	6	5	4	3	2	1

時鐘尺寸 11 的乘法表

是從現在起寫數字會方便很多,因此我們必須同意電腦將字條的內容轉譯成一系列數字以便拉斐簽字,之後如果某人需要證明拉斐數位簽章的真偽,把數字還原成英文將不是難事。我們在第五章的「校驗技法」及第七章的「較短符號技法」時也遇到相同問題,如果你想進一步了解,只要回去復習一下較短符號技法的討論即可,圖 7-1 清楚說明了字母與數字之間轉譯的可能性。

因此拉斐不是要簽一張英文據而是簽一串數字,可能是類似「494138167543…83271696129149」,但是為了簡化起

見，我們一開始就假設要簽的字據短到只有單一個數字如「8」或「5」。別擔心，我們最終會學會如何簽下長度比較合理的字據，但目前最好先把字據維持在單一數字。

接著要來了解一個新技法，叫做「乘法的鎖箱技法」（multiplicative padlock trick），這次拉斐和在實體鎖的技法中一樣，他需要一把鎖和開鎖的鑰匙。取得鎖非常簡單，拉斐首先挑選一個時鐘尺寸，接著選擇小於時鐘尺寸的任何數字做為數字鎖（事實上有些數字比較好用，但在此不細述）。假設拉斐挑選11做為時鐘尺寸，6做為鎖。

拉斐如何用這個鎖將訊息鎖進鎖箱裏？聽起來可能有點怪，拉斐要使用乘法，鎖乘以訊息（當然是使用時鐘尺寸11）就是上了鎖的訊息版本。記住，目前處理的是單一數字訊息的簡單案例，假設拉斐的訊息是「5」，上鎖的訊息會是6×5也就是8（在時鐘尺寸11的情況下，請用圖9-6的乘法表驗算）。圖9-7是這個過程的摘要，最後結果8是拉斐為原始訊息所簽的數位簽章。

當然，用這種型態的數學方法上鎖，若是之後不能用數學的鑰匙來開鎖的話就毫無意義，幸好有一種很容易的解鎖方式，技法是再度使用乘法（這次還是採用設定的時鐘尺寸），但我們用另一個數字來乘，這個數字是特別選來解開先前挑選的鎖號的。

讓我們繼續下去。因此拉斐使用時鐘尺寸11，6是他的

圖 9-7

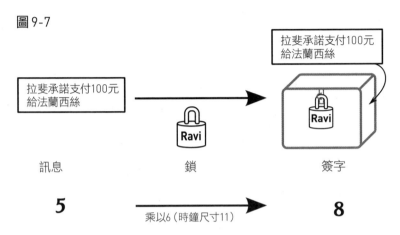

用鎖將數字的訊息鎖住,創造一個數位簽章。上方顯示如何用實體的鎖將箱子裏的訊息鎖住。下方顯示類似的數學運算,這時訊息是數字5,鎖是數字6,上鎖的程序相當於在已知的時鐘尺寸下相乘。最後結果8就是訊息的數位簽章。

鎖號,相應的鑰匙是2。怎麼知道的?稍後會回到這個重要問題。目前的重點是鑰匙的認證方式,前面提過乘以鑰匙可將上鎖的訊息打開,我們已經在圖9-7看到,當拉斐用鎖6將訊息5鎖住,於是得到上了鎖的訊息8(也就是數位簽章);開鎖時將8乘以鑰匙2,在比對時鐘尺寸後得到結果5,於是就像變魔術一般,我們就回到了原始訊息5!整個過程如圖9-8。你也可以看到其他幾個例子,例如訊息3上鎖後變成7,用鑰匙開鎖又變回3;同樣地,訊息2上鎖後變成1,而後鑰匙又將它變回2。

　　圖9-8也說明如何驗證數位簽章。只要用簽字者的鑰匙進

圖 9-8

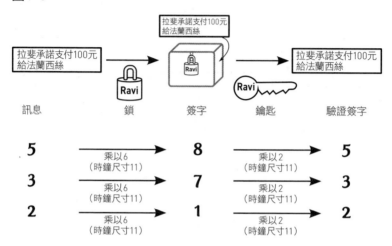

用數字鎖和相應的數字鑰匙將訊息上鎖後解鎖。最上面一行顯示上鎖和解鎖的實體版本；底下三行說明用數字相乘將訊息上鎖和解鎖。注意上鎖的程序製造出數位簽章，解鎖的程序則製造出訊息，如果解鎖的訊息與原始訊息相符，數位簽章就通過驗證，原始訊息被證明為真。

行乘法就可以開鎖，如果解開的訊息和原始訊息相同，簽字就是真的，反之必定是遭到偽造。這種驗證的過程在圖 9-9 有更詳細的說明，在這個表格上，我們依舊採用時鐘尺寸 11，但為了說明至今使用的鎖和鑰匙數值並無特別之處，會使用不同的數值——鎖的數值為 9，相應的鑰匙數值為 5。在表格的第一個例子中，訊息是 4 而簽字是 3，簽字經過開鎖後成為 4，和原始訊息相符因此簽字為真。下一行也是類似，訊息是 8 而簽字是

6，訊息也為真。但最後一行顯示如果簽字遭到偽造，在此訊息還是8但簽字是7，簽字經過開鎖後為2，與原始訊息不符，因此簽字是偽造的。

圖9-9

訊息	數位簽章 （真實的簽字是將訊息乘以鎖的數值9而得出。偽造的簽字是隨機選個數字）	開鎖的結果 （乘以鑰匙的數值5即開鎖）	與訊息相符？	是否偽造？
4	3	4	是	否
8	6	8	是	否
8	7	2	否！	是！

如何偵測偽造的數位簽章。這些例子使用的鎖為9，鑰匙為5。前兩個簽字是真的，第三個是偽造的。

回想一下實體鑰匙和鎖，你會記得這些鎖有生物辨識感應器以防他人使用，否則偽造者就可以用拉斐的鎖把他想放的訊息鎖進箱子，偽造那個訊息的簽章。同樣的推論也適用於數字鎖，拉斐絕不能讓別人知道他的鎖號，每次他在訊息簽字就會洩露訊息和簽字，但不會洩露製造簽章的鎖號。

拉斐的時鐘尺寸和他的數字鑰匙也必須保密嗎？答案是「不必」。拉斐可以在網路上公布他的時鐘尺寸和鑰匙的數值，而不讓簽章的認證效果打折扣。如果拉斐真的公布時鐘尺寸和

鑰匙,任何人都可以取得這些數字而驗證他的簽字,這個做法乍看之下確實非常方便,但有些不可忽視的微妙之處。

舉例來說,原本無論是書面簽字技術或實體鎖與鑰匙技術都需要的可靠銀行,是否不再有必要?答案是「錯」。諸如銀行的可靠第三者還是需要的,否則拉斐可能發放了錯誤的鑰匙導致他的簽字反而像是假的,更糟的是,拉斐的敵人可以製造新的數字鎖和相應的數字鑰匙,然後設一個網站宣稱這是拉斐的鑰匙,接著用新製造出來的數字鎖在訊息上簽字,凡是信以為真的人都會相信敵人的訊息是由拉斐簽的。因此,銀行的角色不是要替拉斐的鑰匙和時鐘尺寸保密,而是扮演一個可靠的權威機構。圖9-10說明這點。

這裏做個摘要:數字鎖是私人擁有,數字鑰匙和時鐘尺寸則是公眾的。鑰匙屬於公眾確實有違常理,因為我們平常已經習慣把實體鑰匙收好。為了澄清這點,請回想先前介紹的實體鎖技法,銀行保留一份拉斐的鑰匙,而且很樂意借給所有想驗證拉斐簽字的人,因此某種程度上實體鑰匙是公眾的,同樣的道理也適用於乘法鑰匙。

現在說明一個實務上的重要議題:萬一我們想要簽字的訊息,長度超過一位數呢?這個問題有幾個答案。一開始是使用一個大很多的時鐘尺寸,比如說用100位數的時鐘尺寸,那麼完全相同的方法就可以讓我們用100位數的簽章來簽100位數的訊息;若是訊息長度超過100,我們只要以100位數為單位

圖 9-10

數字鑰匙銀行。銀行的任務不是將數字鑰匙和時鐘尺寸保密，而是充當一個受人信賴的權威機構，可取得任何人的鑰匙和時鐘尺寸。銀行可將這些資訊透露給想知道的人。

來切割，分別對每一塊簽字即可。不過電腦科學家有更好的方法，只要應用加密雜湊函數（cryptographic hash function）的轉換方式，就可以把長訊息縮減成一塊（例如100位數）。第五章曾經提過這個函數，當時是利用它來校驗，以確保大訊息（例如一個套裝軟體）的內容是正確的。此處的概念很類似，先將長訊息大幅縮短再簽字，因此諸如套裝軟體等龐大訊息就可以有效率地簽字。為簡化起見，本章剩餘篇幅將忽略長訊息的議題。

　　這些數字鎖和鑰匙一開始是從哪兒來的？前面提到，參與者基本上可以選任何數值做為他們的鎖，但是所謂「基本上」，其實需要大學程度的數論為基礎。在此容我稍作說明：如果時鐘尺寸是質數，任何比時鐘尺寸小的正數都可以做為鎖；如果時鐘尺寸不是質數，情況就會複雜得多。質數是除了1和它本身以外沒有其他因數的數，因此你知道本章目前為止使用的時鐘尺寸11確實是質數。

　　選擇鎖倒還簡單，特別是如果時鐘尺寸是質數的話。但是一旦選定了鎖，還是需要能開鎖的數字鑰匙，這下子就成了一個有趣且非常古老的數學問題，事實上這問題的解答已經有數個世紀之久，而核心概念更加古老，也就是所謂歐幾里得演算法（Euclid's algorithm），兩千多年前由希臘數學家歐幾里得記錄下來。但是我們無須細究鑰匙如何產生，只要知道在已知鎖的數值下，電腦能夠用歐幾里得演算法算出相應的鑰匙數值。

　　如果你對這個解釋還不滿意，當我揭露即將發生的大轉折後你或許會開心一點，那就是鎖和鑰匙的相乘法有個基本缺陷而必須捨棄。下一段將以不同方式處理鎖和鑰匙，也是實務上真正使用的做法。既然如此，又何必花力氣解釋有瑕疵的乘法呢？主要原因是每個人都熟悉乘法而方便解釋，另一個原因是，在這個有瑕疵的相乘法和接下來探討的正確做法之間，存在著一些有趣的關聯。

　　先來說明相乘法的瑕疵。還記得鎖的數值是私人的（亦即

祕密），鑰匙的數值則是公眾的，參與者可以自由選擇時鐘尺寸（這是公開的）和鎖的數值（依舊是不公開），接著用電腦產生相應的鑰匙數值（透過歐幾里得演算法，特別是在至今使用的相乘法上），鑰匙被儲存在可靠的銀行，凡是想知道鑰匙數值的人，銀行都會透露。然而問題是，從鎖產生鑰匙的技法（基本上就是歐幾里得演算法）在相反情況下也完全適用，換句話說，電腦使用相同的技術也能產生與某特定鑰匙數值相對應的鎖，如此一來這個技法就讓數位簽章變得無用，因為鑰匙的數值是公開的，因此原本保密的鎖的數值可能被任何人算出來，一旦知道鎖的數值，就可以偽造他的數位簽章了。

利用指數型鎖來簽字

　　本段將把有瑕疵的乘法系統提升至實務上使用的 RSA 數位簽章系統，但是這套新制度將使用名為「取冪」（exponentiation）這種比較陌生的運算來代替乘法。第四章公鑰加密中曾經解釋過，首先是使用乘法的簡單但有瑕疵的制度，接著用次方來探討真正的版本。

　　因此，如果你不太熟悉指數的標示方式如 5^9 和 3^4，可回到第四章介紹時鐘算術的地方稍加複習，先提醒一下，3^4（三的四次方）等於 3×3×3×3。此外我們需要一點技術性的術語。在 3^4 當中，4 被稱為指數或次方，3 則是基數。基數的某個次方

被稱為取冪，這裏將和第四章一樣將取冪與時鐘算術結合。以下所有例子將使用時鐘尺寸22，我們需要用到的次方數是3和7，因此圖9-11顯示的是20以內的數的三次方和七次方（當時鐘尺寸為22）。

圖9-11

n	n^3	n^7		n	n^3	n^7
1	1	1		11	11	11
2	8	18		12	12	12
3	5	9		13	19	7
4	20	16		14	16	20
5	15	3		15	9	5
6	18	8		16	4	14
7	13	17		17	7	19
8	6	2		18	2	6
9	3	15		19	17	13
10	10	10		20	14	4

當時鐘尺寸為22時的三次方與七次方。

現在來看$n=4$。如果不使用時鐘算術，我們知道$4^3=64$，但是在時鐘尺寸22的情況下，64除以22的餘數為20，因此$n^3=20$。同樣地在不使用時鐘算術的情況下，$4^7=16,384$，將這個數字除以22就得到餘數16，因此 $n^7=16$。

最後要來看真正的數位簽章如何發揮功用。這套系統的運作方式與前面一段的相乘法完全相同，只是這次的上鎖和開鎖

不是用乘法，而是取冪。和前面一樣，拉斐一開始會公布他選擇的時鐘尺寸22，接著挑選不公開的鎖，這個數可以是小於22的任何數（理由將稍後解釋）。假設拉斐選擇3做為鎖的數值，接著他用電腦算出與他的鎖和時鐘尺寸相對應的鑰匙數值，關於這點的詳情之後還會說明。這裏的重點是，電腦只要使用一個很有名的數學技術，就能從鎖和時鐘尺寸輕易計算出鑰匙來。在這個例子中，與鎖號3相對應的鑰匙數值為7。

圖9-12說明拉斐如何在訊息上簽字，以及其他人如何將簽字解鎖以檢查真偽。如果訊息是4，簽字就是20，只要將鎖當作次方就可以將訊息取冪，因此我們要計算4^3，在時鐘尺寸

圖 9-12

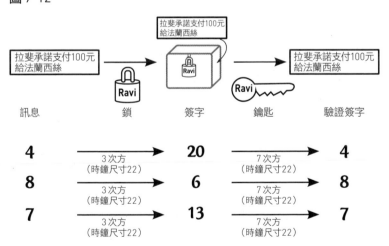

利用取冪來上鎖與解鎖。

22的情況下答案是20（只要使用圖9-11就可以輕鬆檢查這些算式）。當法蘭西絲想確認拉斐的數位簽章「20」，首先她去銀行取得拉斐的時鐘尺寸和鑰匙，接著法蘭西絲拿著簽字20，用鑰匙數值7取冪而後應用時鐘尺寸，於是$20^7=4$。如果結果和原始的訊息相符（在此例中是的），簽字就是真的。圖9-12中的訊息8和7也是類似的算法。

圖9-13再次說明運算過程，這次強調簽字的驗證程序，圖中的前兩個例子和圖9-12完全一樣（訊息是4與8），而且都有真正的簽字。第三個例子的訊息為8，簽字為9。只要用鑰匙和時鐘尺寸解鎖，就得到$9^7=15$，和原始訊息不符。因此簽字是偽造的。

圖9-13

訊息	數位簽章 （真實的簽字是將訊息以鎖的數值3取冪而得出。偽造的簽字是隨機選個數字）	開鎖的結果 （以鑰匙數值7取冪即開鎖）	與訊息相符？	是否偽造？
4	20	4	是	否
8	6	8	是	否
8	9	15	否！	是！

如何用取冪偵測偽造的數位簽章。這些例子所用的鎖為3，鑰匙為7，時鐘尺寸為22。前兩個簽字是真的，第三個是偽造的。

　　之前提到這種做法叫做RSA數位簽章系統，是以三位發明人李維斯特、夏米爾和阿德曼命名，他們在1970年代率先公布這套系統，聽起來或許熟悉到恐怖的地步，因為第四章公鑰加密的部分已經遇到RSA這個縮寫了。事實上RSA既是公鑰加密的方法，也是數位簽章的方法，這並非巧合，因為這兩種演算法之間在理論上有著很深的關係，本章只探索RSA在數位簽章的一面，但你或許已經發現和第四章的概念有著驚人的相似度。

　　在RSA系統下如何選擇時鐘尺寸、鎖和鑰匙的細節確實很有意思，但這些對於了解整個方法來說並不必要，重點是在這套系統下，參與者只要選定了鎖的數值，就可以算出適當的鑰匙數值，但其他人卻不可能從鑰匙倒推算出鎖來，就算知道了某人的鑰匙和時鐘尺寸，還是算不出相應的鎖的數值，因此修正了相乘法的缺陷。

　　至少電腦科學家是這麼認為，但誰也說不準。RSA是否真的安全，可說是整個電腦科學領域中最有趣且令人傷腦筋的問題，它要仰賴因數分解（integer factorization）這個古老的未解數學問題，以及量子計算（quantum computing）這個近代物理學和電腦科學共同的熱門研究課題。以下將從以上兩個面向探討RSA的安全性，但在此之前需要對RSA之類的數位簽章「安全」的意義，有進一步的了解。

RSA的安全性

任何數位簽章系統的安全性，都會歸結到這個問題：「我的敵人能夠偽造我的簽章嗎？」對RSA而言這問題等於是：「在已知公開的時鐘尺寸和鑰匙下，敵人能不能算出屬於我私人的鎖的數值？」很抱歉，答案是「可以」，事實上你已經知道，只要不斷地嘗試錯誤就一定能把某人的鎖找出來，畢竟我們有了訊息、時鐘尺寸跟一個數位簽章。我們知道鎖的數值小於時鐘尺寸，因此只要嘗試每個可能的鎖的數值，直到找到製造得出正確簽章的數值為止，這一切不外乎是將每個嘗試的鎖加以取冪罷了，但實務上RSA所用的時鐘尺寸大得驚人，比方說有上千位數之多，就算是現有速度最快的超級電腦，都要花好幾兆年來嘗試所有可能的鎖。因此我們並不在意敵人是否能以任何手段算出鎖的數值來，相反地我們想知道敵人是否能有效率地破解而成為實務上的威脅。如果敵人的最佳攻擊方法是嘗試錯誤——被電腦科學家稱為「蠻力」（brute force）——我們永遠都能選擇一個大到不可能攻擊的時鐘尺寸，但是如果敵人擁有一項技術遠遠比使用蠻力還要快，這下子我們就慘了。

例如在相乘法之下，簽字的人可以選擇鎖的數值，然後用歐幾里得演算法從鎖的數值計算出鑰匙的數值來，但缺陷在於敵人無須訴諸蠻力就可以倒推，原來歐幾里得演算法也可以在既有的鑰匙之下算出鎖的數值來，而這個演算法要比使用蠻力有效率多了，這也就是相乘法被認為不安全的理由。

RSA 和因數分解的關聯

關於 RSA 的安全性與因數分解這個古老數學問題之間的關聯，我們必須多了解一點如何選定 RSA 的時鐘尺寸。

質數的定義是除了 1 和它自己以外沒有其他因數的數，例如 31 是質數，因為 31 只能被 31 和 1 除盡，但 33 就不是質數了，因為 33=3×11。

現在一步步來看，拉斐要如何在 RSA 之下產生時鐘尺寸。首先是選擇兩個非常大的質數，通常這些數會大到有幾百個位數，但一如往常我們會拿很小的數來舉例。假設拉斐選擇 2 和 11，接著將兩個數相乘產生時鐘尺寸，於是時鐘尺寸是 2×11=22。我們都知道時鐘尺寸和拉斐選定的鑰匙數值都會被公開，但重點在於時鐘尺寸的兩個質數仍然是保密的，只有拉斐知道。RSA 背後的數學運算讓拉斐得以使用這兩個質數，從鑰匙的數值計算出鎖的數值，反之亦然。

圖 9-14 說明這個方法的細節，但這些細節並非此處重點，我們只需要了解拉斐的敵人不能利用公開的資訊（時鐘尺寸和鑰匙數值）來計算他保密的鎖數值，但如果敵人也曉得構成時鐘尺寸的兩個質數，就可以輕易算出不公開的鎖數值了，換言之拉斐的敵人只要能替時鐘尺寸做因數分解，就能偽造他的簽章（或許還有其他破解 RSA 的方法，對時鐘尺寸進行因數分解只是發動攻擊的其中一個方法）。

在我們的例子中，將時鐘尺寸進行因數分解（因而破解數

圖 9-14

$$2 \times 11 = 22$$

質數　　質數　　　　主要的時鐘尺寸

↓ 減1　↓ 減1

$$1 \times 10 = 10$$

次要的時鐘尺寸

　　在我們的簡單例子中，拉斐選擇兩個質數2和11，他將兩個數相乘得出時鐘尺寸22，我們先把它稱為「主要的」時鐘尺寸。接著拉斐將兩個質數各減去1成為1和10，然後將兩個數字相乘成為次要的時鐘尺寸，也就是1×10＝10。

　　在此我們遇到和之前相乘法的缺陷之間一個令人開心的關聯，那就是拉斐根據相乘法選擇了鎖和鑰匙，但是是使用次要的時鐘尺寸而不是主要的時鐘尺寸。假設拉斐選擇3做為他的鎖，結果發現當他使用次要的時鐘尺寸10，用來相乘的相對應鑰匙是7。關於這點的驗算很簡單，訊息為8，上鎖就是8×3＝24，在時鐘尺寸10之下就是4。用鑰匙解開4就成了4×7＝28，在時鐘尺寸10之下就是8，與原始訊息相同。

　　拉斐的任務已經完成，他將相乘法之下的鎖和鑰匙，直接當作他在RSA系統下的指數型的鎖和鑰匙，當然這兩個數（鎖和鑰匙）會在主要的時鐘尺寸22之下被用做次方數。

產生RSA時鐘尺寸、鎖和鑰匙數值的細節說明。

位簽章）簡單到不可思議，誰都知道22=2×11，但是當時鐘尺寸是幾百或幾千個位數的時候，要找到因數就極為困難了。事實上雖然人類早在幾百年前就開始研究因數分解的問題，卻還沒有人發現一種通用的快速解法，能有效率地威脅到RSA的時鐘尺寸。

歷史上充滿未解決的數學問題，這些問題的美學特質令數學家們心蕩神馳，以致即使缺乏實際應用價值，依然激勵數學家們進行深度探索。令人訝異的是，許多令人玩味但顯然無用的問題，後來在實務上卻具有重大意義，有時是經過人類數百年來研究這些問題後才發現的。

因數分解就是這樣的一種問題，最早開始做嚴謹研究的要算是17世紀的數學家費馬（Fermat）和梅先尼（Mersenne），至於數學界名號最響亮的尤拉（Euler）和高斯（Gauss）則是在下一個世紀也做出貢獻，後人再將之發揚光大。但是一直到1970年代發現公鑰加密，對極大的數進行因數分解的困難度才成為實務應用上的關鍵，任何人只要發現有效的演算法能分解極大的數，就能隨心所欲地偽造數位簽章！

為了不要太嚇唬人，我應該澄清自1970年代以來還發明了其他許多種數位簽章的方法。雖然這些方法都具有一些基本數學問題的困難度，但它們所依賴的是不同的數學難題，因此找到一種有效率的因數分解演算法，只能破解類似RSA的方法。

另一方面，電腦科學家依然被一件事搞得七葷八素，這件

事出現在所有系統上，那就是沒有一種方法被證明是安全的。
每一種方法都要依賴某些看起來困難且經過大量研究後的數學
難題，但在某些情況下，理論家一直無法證明這世界上並不存
在有效率的解決方式，因此，雖然專家認為極度不可能，但原
則上任何加密或數位簽章的方法隨時都可能被破解。

RSA和量子計算機之間的關聯

接著要來解釋RSA跟熱門的研究主題「量子計算」之間的
關聯。在此之前我們要先接受幾個事實：在量子力學（quantum
mechanics）之中，物體的運動是由機率（probability）所決
定，而非古典物理學的運動法則。因此，如果你的電腦使用的
零件很容易受到量子力學的作用，那麼這個電腦所計算出來的
數值就會由機率決定，而不是古典電腦的絕對確定的0和1的
序列。另一種看法是，量子電腦會同時儲存許多不同的數值，
各個數值有不同的機率，除非你強迫電腦輸出最後答案，否則
所有的數值都會同時存在。由此可知，量子電腦可能可以同時
計算出許多不同的答案來，因此對某些特殊形態的問題來說，
你可以使用蠻力，同時嘗試所有可能的答案！

這種論點只對某幾種型態的問題有用，而很不湊巧，因數
分解正好是幾種用在量子電腦上的效率遠高於古典電腦的運算
之一，因此如果你能夠製造出一台量子電腦能處理幾千位數的
數，就可以如前面所述的來偽造RSA的簽章，先針對公開的時

鐘尺寸進行因數分解，用因數來判斷次要的時鐘尺寸後，再從公開的鑰匙數值判斷不公開的鎖的數值。

在我撰寫此書的2011年，量子計算的理論遠遠走在實務之前，研究人員一直努力想製造出真正的量子電腦，但目前量子電腦做過最大的因數分解卻只是15=3×5，距離幾千位數的RSA時鐘尺寸還非常遙遠！不僅如此，在人類創造出更大的量子電腦之前，還有更難克服的實務問題有待解決，因此沒有人知道量子電腦究竟何時、甚至能不能屬害到能一舉破解RSA系統。

數位簽章的實務

本章之初我們提過最終使用者並不太需要數位簽章，一些電腦高手確實會在電郵之類的地方簽章，但對多數人來說，數位簽章的主要用途是確認下載內容，最常見的就是當你下載新軟體時，如果軟體具備數位簽章，電腦就可以使用簽章者公開的鑰匙將簽章解鎖，然後將結果和簽章者的訊息（也就是軟體本身）比較。（之前提到，實務上軟體會被縮減到名為安全雜湊〔secure hash〕的極小訊息後才被簽章。）如果解鎖的簽章和軟體相符，你會收到一個可以繼續進行的訊息，反之就會收到警告。

本書曾一再強調，所有做法都需要可信賴的銀行來儲存簽

章者的鑰匙和時鐘尺寸，幸好每當你下載軟體時無須真正跑到銀行，真實生活中，儲存公開鑰匙的可靠組織被稱為認證機構（certification authorities），所有的認證機構都備有伺服器，能透過網路與這些伺服器連線下載公開的鑰匙資訊。因此當你的機器收到數位簽章時，這個數位簽章會附帶一些資訊，告訴你哪一家認證機構能替簽章者的公開鑰匙掛保證。

當然，電腦可以直接跟指定的認證機構確認簽章，但我們能信任這些機構嗎？我們已經把認證某一組織身分的問題（傳軟體給你的組織，例如說是 Nanosoft.com），轉移到認證另一個組織的問題（認證機構，比如說 TrustMe Inc.）。這個問題的解決方式，通常是認證機構（TrustMe Inc.）介紹你另一個認證機構（例如是 PleaseTrustUs Ltd.）來認證，而且也是經由數位簽章，類似的信賴鏈可能無限延伸，但我們永遠離不開同一個問題，那就是我們如何信賴這信賴鏈尾端的組織？答案如圖 9-15，就是某些機構已經被官方指定為所謂的根認證機構（root certificate authorities，或簡稱 root CA），比較知名的包括 VeriSign、GlobalSign 和 GeoTrust。當你取得你的瀏覽器軟體時，幾個 root CA 的詳細聯絡方式（包括網址和公鑰）都已經事先安裝好了，數位簽章的信賴鏈就這樣在可靠的起點上定錨。

圖 9-15

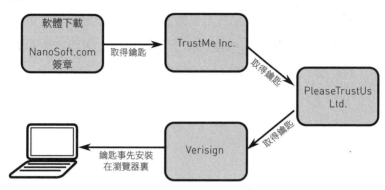

為取得認證數位簽章所需鑰匙的信賴鏈

解決矛盾

　　本章一開始曾指出「數位簽章」這個詞可說是矛盾修辭法，換言之任何數位的東西都可以被拷貝，但是簽章則應該不可以被拷貝。這樣的矛盾該如何解決？答案是數位簽章依賴一個只有簽章者知道的祕密以及被簽章的訊息，這個簽章者是用同一個祕密（也就是本章所稱的鎖）來簽章他的每個訊息，但是不同的訊息會有不同的簽章。因此，雖然任何人都可以輕易拷貝簽章，但是那無關緊要，因為簽章不能被移轉到另一個訊息上，因此光是拷貝簽章並無法完成偽造。

　　這個矛盾的解決方式不僅狡猾，也頗具美感。數位簽章在

實務上也深具重要性，少了數位簽章，網際網路將不存在，資料雖然還是可以透過加密來安全地傳遞，但是要驗證收到資料的來源將會難上加難。深度的概念加上實務上如此寬廣的影響，數位簽章無疑是電腦科學最閃亮的成就之一。

第 10 章

什麼是可計算的？

請容我提醒大家有關計算機的一些問題。

——理查·費曼（Richard Feynman，

1965 年諾貝爾物理學獎得主）

　　我們已經見到許多聰明的、威力強大且美妙的演算法，將冷冰冰的電腦變成幾乎無所不能。事實上我們很自然會想問，從前面幾章的夸夸其談看來，到底有什麼事是電腦辦不到的？只要光看今日的電腦能做什麼，答案就非常清楚。很多有用的事情（多半涉及某種形式的人工智慧）是目前電腦無法做得很好的，像是中英文之間的高品質翻譯、自動控制的交通工具以便在繁忙的都市中安全迅速地駕駛，以及（身為老師，這是個大問題）替學生的作業及考卷打分數。

　　然而，真正聰明的演算法所能做到的事往往令人驚訝，或許明天有人會發明一個能讓汽車自動駕駛或幫老師打成績的演算法，這些的確看起來很困難，但有難到辦不到嗎？有沒有任何問題，困難到永遠沒有人能發明出演算法來解決？本章將讓我們明白答案是個大大的「是」，確實有些問題電腦永遠無法解決。這個深刻的事實，換言之有些事可以計算，有些不能，恰好跟前幾章中許多演算法的豐功偉業相反，無論未來人類發明多少聰明的演算法，永遠都會有一些問題是「不可計算」（uncomputable）。

　　不可計算問題的存在本身就夠讓人震驚了，但發現這些問題的經過更值得一提。人們早在製造出第一部電腦前就知道類似問題的存在，兩位數學家，一位美國人一位英國人，於1930年代分別發現了不可計算的問題，幾年之後，第一部真正的電腦才於二次大戰期間問世。這位美國人名叫丘池（Alonzo

Church），他在計算理論方面的大突破，至今依舊是電腦科學的基礎之一；英國人不用說就是圖靈（Alan Turing），他被公認為奠定電腦科學的最重要人物，圖靈的研究成果涵蓋整個電算概念的光譜，從複雜的數學理論、深奧的哲學乃至大膽實用的工程學。本章將追隨丘池和圖靈的足跡進行一趟旅程，而旅程的終點就是證明哪些任務無法用電腦完成，這趟旅程從下一段的程式錯誤和當機開始。

程式錯誤、毀壞和軟體的可靠度

近年來，電腦軟體的可靠度有很大的進步，但我們不能假設軟體不會出錯，即使設想周到的高品質軟體偶爾都可能做出不該做的事，最糟的是軟體當掉而失去正在使用的資料或文件（或是正在玩的電玩，我知道這讓人很無力）。但是凡是在1980和90年代碰過家用電腦的人，都能證明那個時候電腦軟體當機的頻率要比21世紀時頻繁多了。進步雖然有各種原因，但是最主要原因是：軟體自動檢查工具的大幅進步。一旦有一組程式設計師寫了一個龐大複雜的電腦程式，就可以利用自動工具檢查是否有什麼問題可能導致當機，此外這些自動檢查工具在尋找潛在錯誤方面也愈來愈厲害。

　　因此，我們不禁要問，自動的軟體檢查工具到底能不能偵測出電腦程式中所有的潛在問題？如果可以那就太好了，因為

這樣一來，就代表可以永遠消除軟體當機的可能性。本章告訴我們這個軟體的極樂世界永遠不可能存在，任何檢查軟體的工具經證明都不可能偵測到所有程式中所有可能的當機狀況。

在此有必要進一步說明「經證明不可能」的意思。物理學和生物學等領域的科學家針對特定系統的行為做出假說，並透過實驗證明假說的真偽。但由於實驗永遠存在某種程度的不確定性，因此即使實驗非常成功，你也無法百分之百確定假說是正確的。然而不同於物理學的是，宣稱數學和電腦科學中某些結果是百分之百確定，卻是有可能的。只要接受基本的數學規律（例如一加一等於二），數學家所用的一連串演繹推論，將可以絕對確定某些陳述為真（例如所有個位數是5的數，都可以被5除盡），這類推論並不涉及電腦，數學家只要用鉛筆和紙就可以證明無庸置疑的事實。

因此在電腦科學中，當我們說「X經證明不可能」，我們不光是指X顯然是困難的或實務上不可能達到，而是百分之百肯定X永遠達不到，因為已經有人用一連串演繹的數學推論證明了這點。例如舉個例子：「某數是10的倍數，其個位數是3，經證明是不可能的。」另一個例子是本章的結論，也就是自動軟體檢查器，經證明不可能偵測到所有電腦程式中一切可能的當機狀況。

反證法

我們將使用數學家所稱的反證法（proof by contradiction），來證明不存在一個能偵測所有當機可能性的程式。雖然數學家喜歡說反證法這項技巧是他們的專利，但其實人們在日常生活中經常不知不覺地使用反證法，就舉個簡單例子吧。

首先，我們要同意以下兩件事實，這是連最修正主義的歷史學家都會同意的：

1. 美國的南北戰爭發生於1860年代。
2. 亞伯拉罕・林肯是南北戰爭期間的總統。

假設我說：「亞伯拉罕・林肯出生於1520年。」這個陳述是對還是錯？即使你對林肯一無所知，但你知道了以上兩個事實，你如何快速判斷我的陳述是錯的？

你的大腦很可能會經過一連串如下的推理過程：（一）沒有人活過150歲，如果林肯生於1520年，他最遲在1670年之前就已經死了。（二）林肯是南北戰爭期間的總統，因此南北戰爭一定是在他死之前發生的，換言之在1670年之前。（三）但這是不可能的，因為一般公認南北戰爭發生於1860年代。（四）因此林肯不可能是1520年出生。

讓我們進一步檢視這個推論過程。為什麼可以斷言最初的陳述是錯的？因為我們證明了這個主張與其他已知為真的事實

相互矛盾，也就是最初的陳述暗示南北戰爭發生在1670年之前，這與南北戰爭發生在1860年代的已知事實相矛盾。

反證法是極重要的技巧，假設我做出以下主張：「平均而言，人類的心跳是十分鐘約六千次。」這個主張是真還是偽？或許你一聽就覺得有誤，但你如何向自己證明這句話是錯的？在繼續讀下去之前，花幾秒鐘分析你的思考過程。

這次還是用反證法。首先假設人類心臟平均十分鐘跳6,000下為真，相當於每分鐘就跳600下，你無須是醫學專家就知道這個數字遠高於任何正常的脈搏頻率，也就是每分鐘在50至150下之間，換言之「人類心臟平均每十分鐘跳六千下」的原始主張與已知事實矛盾，因此必然是錯的。

反證法可以摘要如下。假設你懷疑某個陳述句S是錯的，但你想證明它的確是錯的。首先，你假設S為真，接著運用一些推論得出另一個陳述句T也必定為真，但如果T已知是錯的，這時就出現矛盾現象，證明你的原始陳述S也必定是錯的。

數學家的陳述更簡短：「S暗示（imply）T，但T是錯的，因此S是錯的。」用一句話就概括了反證法。以下圖表說明如何將反證法的一般版本與上述兩個例子相連結。

	第一例	第二例
S（原始陳述）	林肯生於1520年	人類心臟每10分鐘跳動6000下
T（S暗示T，但已知T是錯的）	南北戰爭發生在1670年之前	人類心臟每分鐘跳動600下
結論：S是錯的	林肯並非生於1520年	人類心臟並非每10分鐘跳動6000下

以上介紹了反證法。本章的最終目標就是用反證法來證明「能夠偵測其他程式中所有當機可能性的程式不可能存在」，但是首先我們需要稍稍熟悉幾個電腦程式的有趣概念。

用於分析其他程式的程式

電腦像奴隸一般分毫不差地遵循程式的指令，因此你每次執行電腦程式都得到完全相同的輸出結果。這是對，還是錯？事實上我還沒提供足夠的資訊讓你可以回答這問題。確實某些簡單的電腦程式每次執行的時候都會製造出相同的結果，其實我們每天使用的程式，在我們每次執行的時候是很不同的，就拿你最喜歡的文字處理程式來說，每次程式開始的時候，螢幕都是相同的嗎？當然不是，要視你開啟的文件而定。如果用微軟Word打開address-list.docx檔案，螢幕會顯示我存在電腦裏的通訊錄；如果用微軟Word打開bank-letter.docx，我看到的是我

昨天寫給銀行的信。（關於.docx，請參考圖 10-1 中關於副檔名
的說明。）

圖 10-1

本章通篇使用的檔名形式是像 abcd.txt 這樣，句點後的部分
叫做檔案名稱的「副檔名」，因此 abcd.txt 的副檔名是 txt。
大部分的作業系統是用副檔名來判定檔案中包含的是何種類
型的資料，例如.txt 檔通常是純文字，.html 檔通常是網頁，
至於.docx 則是微軟 word 文件。有些作業系統的初始設定就
會將這些副檔名隱藏起來，除非關掉作業系統的「隱藏副檔
名」功能，否則你看不到它們。只要上網搜索「顯示副檔
名」（unhide file extensions）你就會知道怎麼做。

關於副檔名的一些技術細節

　　在以上兩種情況中，我執行的電腦程式都是微軟 Word，
只是輸入的資料不同。別因為所有現代作業系統讓你只需在檔
案上點兩下滑鼠就可以執行電腦程式就被騙了，這只是友善的
電腦公司（八成是蘋果或微軟）提供使用者方便而已，當你在
檔案上點兩下滑鼠，某個電腦程式就會開始執行，而那個程式
以文件做為輸入資料，至於程式的輸出結果則是你在螢幕上看
到的，而它當然要視你在哪個文件上點擊滑鼠而定。
　　事實上電腦程式的輸入輸出比這個複雜許多，當你在選單

上點擊滑鼠或在程式上鍵入內容，你就是在提供額外的輸入資料；當你儲存一份文件或任何其他檔案，程式就是在創造額外的輸出。但是為了簡化起見，想像程式只接收一項輸入資料，也就是你存入電腦中的檔案，同時想像程式只製造一種輸出結果，就是在你螢幕上的圖像視窗。

可是，在檔案上點擊兩次的方便性卻帶來一個重大議題。當你對一個檔案點擊兩次時，你的作業系統會使用各種聰明技法去猜測你想執行哪個程式，但是一定要了解的是，你「可以」用任何程式打開任何檔案，換言之你可以用任何檔案做為輸入資料來執行任何程式。圖 10-2 列出你可以嘗試的幾種方式，這些方式並非對所有作業系統或是任何輸入的檔案都管用，不同的作業系統會以不同方式啟動程式，而這些作業系統基於安全考量會限制輸入檔案的選擇，儘管如此，我強烈建議讀者用自己的電腦實驗看看，讓你相信你可以用不同類型的輸入檔案來執行你最喜歡的文字處理程式。

如果你用不合適的程式開啟某個檔案，可能會得到不可預期的結果。在圖 10-2 下方可以看到，當我用試算表程式 Excel 開啟圖片檔 photo.jpg 的結果。這個例子的輸出是垃圾，但試算表程式確實有執行，也確實產生一些輸出結果。

將以上例子更進一步。還記得程式本身是以檔案的形式被儲存在電腦硬碟中，這些程式的副檔名往往是 .exe，也就是「可執行」（executable）的縮寫，意思是你「可以執行」這

圖 10-2

以下是用 stuff.txt 做為輸入檔案來執行微軟 Word 程式的三種
方式：
1. 在 stuff.txt 檔案上點滑鼠右鍵，選擇「開啟」，接著選
   擇微軟 Word。
2. 首先用你的作業系統的功能，在桌面放置微軟 Word
   的捷徑，接著將 stuff.txt 檔拉到這個捷徑上。
3. 直接打開微軟 Word，來到「檔案」的選項下，選擇
   「開啟舊檔」，而且要挑選顯示「所有檔案」，接著選
   擇 stuff.txt 檔。

用特定檔案做為輸入資料來執行程式的方式

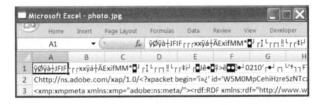

以 photo.jpg 做為輸入檔案，在微軟 Excel 上執行的結果。輸出的是垃
圾，重點在於你原則上可以用任何輸入來執行任何程式。

個程式。由於電腦程式只是硬碟中的檔案，我們就可以拿某
個電腦程式當作另一個電腦程式的輸入。例如微軟 Word 程
式以 WINWORD.EXE 的檔名被儲存在我的電腦裏，只要以

WINWORD.EXE 做為輸入來執行我的試算表程式Excel，就可
以製造出如圖10-3的天書。

圖10-3

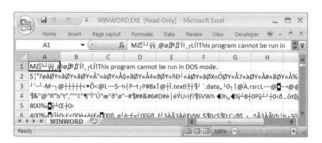

用微軟Excel檢視微軟Word。當Excel開啟檔案WINWORD.EXE，結
果是垃圾，這不令人意外。

　　以上也值得你自己實驗一下，你需要找到WINWORD.EXE
的位置。以我的電腦來說，WINWORD.EXE是在C:\Program
Files\Microsoft Office\Office12的檔案夾中，但是確實位置要看
你執行什麼作業系統以及安裝哪個版本的微軟Office而定。你
也可能需要先打開「瀏覽隱藏檔案」的功能才看得到這個文
件夾，此外你可以用任何試算表和文字處理程式來進行這項實
驗。

　　如果用電腦程式本身來執行自己呢？如果我用WINWORD.
EXE做為輸入來執行微軟Word會如何？這個實驗很簡單，圖
10-4是我用我的電腦試驗所得到的結果，一如往常程式執行得

很順利，但螢幕上的輸出多半是垃圾。請自己嘗試一下。

以上的重點是什麼？目前為止你對三個非常重要的概念應該有點熟悉了。首先，任何程式都可以用任何檔案做為輸入來執行，但結果通常是垃圾，除非這個輸入檔案正好適合你要執行的程式。第二，電腦程式是以檔案的形式被儲存在硬碟裏，因此一個程式可以用另一個程式做為輸入檔案來執行。第三，電腦程式可以用自己做為輸入來執行。目前為止第二和第三點必定結果是垃圾，但在下一段當中我們將看到這些技法總算有點用處。

圖 10-4

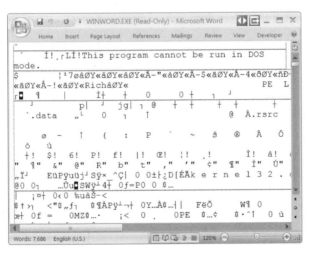

用微軟 Word 檢視它自己。輸入的檔案是 WINWORD.EXE 檔，這個檔就是當你用滑鼠點擊微軟 Word 時真正會執行的電腦程式。

有些程式不可能存在

電腦非常善於執行簡單指令，事實上現代電腦每一秒鐘執行簡
單指令達數十億次。你或許會以為，凡是可以用簡單精確的英
文描述的任務都可以被寫成程式讓電腦執行，本節將說明事實
並非如此。有些簡單精確的英文陳述句，是不可能被寫成電腦
程式的。

一些簡單的「是不是」程式

為了簡單起見，我們只考慮一些看似非常無趣的電腦程式。我
們稱之為「是不是」（yes-no）程式，因為這些程式所做的唯
一一件事就是彈出一個對話框，裏面只有「是」或「不是」兩
種答案。例如幾分鐘前我寫了一個名叫ProgramA.exe的電腦程
式，這個程式唯一會做的就是製造出以下的對話框。

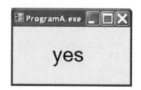

在這個對話框上方的標題欄中，可以看見製造這個答案的程式
名稱，也就是ProgramA.exe。

我也寫了另一個電腦程式ProgramB.exe，輸出的結果為
「不是」。

ProgramA 和 ProgramB 單純到不要求任何輸入資料（如果收到輸入資料，這些程式會忽略），換言之這些程式無論遇到什麼輸入資料，每次被執行的行為完全一樣。

接著我又創造了一個比較有趣的例子叫做 SizeChecker.exe 的程式，這個程式會以一個檔案為輸入，當這個檔案大於10KB 就輸出答案「是」，否則就輸出「不是」。如果我在一個50MB 的視訊檔案（例如 mymovie.mpg）上點擊滑鼠右鍵，在「選擇你想要用來開啟這個檔案的程式」下選擇 SizeChecker.exe，我會看見以下輸出結果：

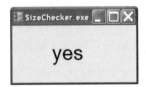

另一方面，如果我在一個3KB的電郵訊息上執行相同程式（例如 myemail.msg），結果當然會和上面不同。

因此，SizeCheck.exe這種「是不是」程式，有時輸出「是」，有時輸出「不是」。

現在來思考以下稍微不同的程式，我們稱之為NameSize.exe，這個程式檢視輸入檔案的名稱，如果檔名至少有一個字母，NameSize.exe會輸出「是」，否則輸出「不是」。根據定義，任何檔案的名稱至少會有一個字元的長度（否則檔案就完全沒有名字，你完全沒辦法點選）。因此NameSize.exe永遠都會輸出「是」，無論輸入什麼資料。

上面的例子說明，有些程式在以其他程式做為輸入時，並不會產生垃圾。例如NameSize.exe檔案的大小只有8KB，因此如果我用NameSize.exe做為輸入資料來執行SizeCheck.exe，輸出會是「不是」（因為NameSize.exe沒有超過10KB）。我們甚至可以執行SizeChecker.exe本身，這次輸出為「是」，因為SizeChecker.exe大約12KB（大於10KB）。同樣地，我們可以用NameSize做為輸入來執行它自己，輸出結果會是「是」，因為檔案名稱NameSize.exe至少包含一個字元。我承認目前討論的所有「是不是」程式相當枯燥，但是我們一定要了解這些程式的行為，因此請逐行細讀圖10-5的圖表，確認你理解的輸出結果和圖表一致。

AlwaysYes.exe：可用來分析其他程式的「是不是」程式

現在要來思考幾個更有趣的「是不是」程式。首先是AlwaysYes.

圖 10-5

執行程式	輸入檔案	輸出
ProgramA.exe	address-list.docx	是
ProgramA.exe	ProgramA.exe	是
ProgramB.exe	address-list.docx	不是
ProgramB.exe	ProgramA.exe	不是
SizeChecker.exe	mymovie.mpg（50MB）	是
SizeChecker.exe	mymail.msg（3KB）	不是
SizeChecker.exe	NameSize.exe（8KB）	不是
SizeChecker.exe	SizeChecker.exe（12KB）	是
NameSize.exe	mymovie.mpg	是
NameSize.exe	ProgramA.exe	是
NameSize.exe	NameSize.exe	是

幾個簡單的「是不是」程式的輸出結果。請比較看看，不論輸入為何（例如 ProgramA.exe 和 NameSize.exe）永遠輸出「是」的程式，與有時（SizeChecker.exe）或永遠（ProgramB.exe）輸出「不是」的程式之間的區別。

exe，這個程式檢查輸入檔案，如果輸入檔案本身是個永遠輸出「是」的「是不是」程式，就輸出「是」，否則就輸出「不是」。要注意的是 AlwaysYes.exe 適用於任何型態的輸入檔案，如果你輸入的不是可執行的程式（例如 address-list.docx），它就會輸出「不是」。如果你輸入的是個可執行的程式，但卻不是個「是不是」程式（例如 WINWORD.EXE），它會輸出「不是」。如果你輸入的是個「是不是」程式，但這程式有

時會輸出「不是」，這時 AlwaysYes.exe 就會輸出「不是」。
AlwaysYes.exe 唯一輸出「是」的情況，是如果你輸入的「是
不是」程式無論輸入什麼永遠都會輸出「是」；在我們至今的
討論中，只有 ProgramA.exe 和 NameSize.exe 是符合條件的。圖
10-6 顯示了 AlwaysYes.exe 在各種輸入檔案下的輸出結果，包
括執行 AlwaysYes.exe 本身。圖表最後一行，AlwaysYes.exe 在
執行自己的時候輸出「不是」，因為至少有幾個輸入檔案會得
出「不是」的結果。

在圖 10-6 的倒數第二行出現一個程式叫 Freeze.exe，它所

圖 10-6　AlwaysYes.exe 的輸出結果

輸入檔案	輸出
address-list.docx	不是
mymovie.mpg	不是
WINWORD.EXE	不是
ProgramA.exe	是
ProgramB.exe	不是
NameSize.exe	是
SizeChecker.exe	不是
Freeze.exe	不是
AlwaysYes.exe	不是

AlwaysYes.exe 在各種輸入之下的輸出結果。會產生「是」的結果的
唯一輸入，是永遠輸出「是」的「是不是」程式，也就是 ProgramA.
exe 和 NameSize.exe。

做的是一件令人討厭的事，那就是「凍結」（無論輸入是什麼）。或許你經歷過，當電動玩具或應用程式似乎被鎖住（也就是凍結），無論如何都不肯對輸入做出回應，這時你只能選擇把程式殺掉甚至關掉電源（使用筆電時有時需要把電池拔掉！）然後重開機。電腦程式可以因為各種理由而凍結，有時是因為第八章提到的「僵局」，有時程式可能正忙著一個沒完沒了的運算，例如不斷重複搜尋一筆並不存在的資料。

我們不需要了解凍結程式的細節，只要知道 AlwaysYes.exe 在以這樣的程式做為輸入時會怎麼做。事實上 AlwaysYes.exe 是經過審慎定義好讓答案很清楚，那就是當輸入程式永遠輸出「是」，AlwaysYes.exe 就會輸出「是」，否則就輸出「不是」。因此當輸入是類似 Freeze.exe 這樣的程式時，AlwaysYes.exe 一定會輸出「不是」。

YesOnSelf.exe: AlwaysYes.exe 的簡單變化版

或許你已經想到 AlwaysYes.exe 是個相當聰明有用的程式，因為它能分析其他程式並且預測其輸出結果。我承認我其實並沒有真正寫這個程式，只是描述這個程式的行為，好像我已經寫了一樣。現在我要來描述一個叫做 YesOnSelf.exe 的程式，這個程式跟 AlwaysYes.exe 類似只是簡單一些：當輸入檔案在執行自己的時候輸出「是」，YesOnSelf.exe 就輸出「是」，否則就輸出「不是」。換言之如果我提供 SizeChecker.exe 做

為 YesOnSelf.exe 的輸入，則 YesOnSelf.exe 會對 SizeChecker. exe 進行某種分析，以判斷當 SizeChecker.exe 在以 SizeChecker. exe 做為輸入時，會輸出什麼答案。前面討論過（詳見圖 10-5），SizeChecker.exe 在執行自己的時候輸出為「是」，因此 YesOnSelf.exe 在執行 SizeChecker.exe 時的輸出也是「是」。你可以用相同的推論針對不同輸入判斷 YesOnSelf.exe 會輸出什麼，如果輸入檔案不是個「是不是」程式，那麼 YesOnSelf.exe 會自動輸出「不是」。圖 10-7 說明 YesOnSelf.exe 的一些輸出結果，請確認你了解這個圖表的每一行，因為在你繼續讀下去之前，了解 YesOnSelf.exe 的行為是很重要的。

　　關於這個有趣的程式，我們還要注意兩件事。首先看看圖 10-7 最後一行。YesOnSelf.exe 在拿自己做為輸入時，應該出現什麼輸出？幸好只有兩種可能。如果輸出為「是」，根據 YesOnSelf.exe 的定義，它在執行自己的時候就應該輸出「是」。

　　但是，萬一 YesOnSelf.exe 在執行自己的時候出現「不是」的答案呢？換言之（這次也是根據 YesOnSelf.exe 的定義）當它執行自己的時候應該輸出「不是」。這次的陳述句也完全前後一致！看起來 YesOnSelf.exe 其實能選擇自己應該輸出什麼，只要它忠於自己的選擇，答案就會是正確的。YesOnSelf.exe 這種帶有神祕感的自由行為，很快就會變成邪惡冰山的善良一角，但我們暫時還不打算揭露它。

　　關於 YesOnSelf.exe 第二件要注意的事，就是跟 AlwaysYes.

圖 10-7　YesOnSelf.exe 的輸出結果

輸入檔案	輸出
address-list.docx	不是
mymovie.mpg	不是
WINWORD.EXE	不是
ProgramA.exe	是
ProgramB.exe	不是
NameSize.exe	是
SizeChecker.exe	是
Freeze.exe	不是
AlwaysYes.exe	不是
YesOnSelf.exe	???

YesOnSelf.exe 在各種輸入之下的輸出結果。唯一能使輸出為「是」的輸入，就是當「是不是」程式以自己做為輸入時會輸出「是」的情況，在這裏只有 ProgramA.exe，NameSize.exe 和 SizeChecker.exe。圖表最後一行有點神祕，看起來好像是或不是都有可能。接下來將詳細探討。

exe 一樣，我並沒有真正寫這個程式，我只是描述它的行為而已。但是如果我寫了 AlwaysYes.exe，要創造出 YesOnSelf.exe 就不難了，因為 YesOnSelf.exe 比 AlwaysYes.exe 單純，它只需要檢查一個可能的輸入，而不是所有可能的輸入。

AntiYesOnSelf.exe: YesOnSelf.exe 的相反

本章的目標是證明尋找當機的程式不可能存在，但是本段我們

只是想要找到某個程式不可能存在的例子，這個中途站相當有用，因為一旦了解如何證明某個特定程式不存在，自然可以將相同的技巧用在尋找當機的程式上。幸好我們已經非常接近這個中途站，只要再探索一個「是不是」程式就結束任務。

這個新程式叫做 AntiYesOnSelf.exe，從名字就知道和 YesOnSelf.exe 很類似，事實上兩者一模一樣，只不過輸出剛好相反，如果 YesOnSelf.exe 在特定輸入的情況下輸出「是」，AntiYesOnSelf.exe 就會對同樣的輸入資料輸出「不是」。反之亦然。

圖 10-8

> 每當輸入檔案是個「是不是」程式，AntiYesOnSelf.exe 會回答以下問題：
>
> **輸入程式在執行自己的時候，會不會輸出「不是」？**

對於 AntiYesOnSelf.exe 行為的清楚描述。

以上為 AntiYesOnSelf.exe 的定義做了完整清晰的描述。還記得當 YesOnSelf.exe 的輸入在執行自己的時候會輸出「是」的話就會輸出「是」，否則就輸出「不是」。因此當輸入的程式在執行自己的時候會輸出「是」，則在 AntiYesOnSelf.exe 就會輸出「不是」，反之亦然。用另一種方式來說，AntiYesOnSelf.

exe在看到輸入的檔案時，會回答以下問題：「輸入的檔案在執行自己的時候不會輸出『是』，這點是真的嗎？」

你或許會認為這麼說比較容易懂：「輸入檔案在執行自己的時候，會不會輸出『不是』？」但這麼說為什麼不正確？為什麼要說「不輸出『是』」，而不是直接說「輸出『不是』」？答案是，程式有時候不光是給「是」或「不是」的答案而已，如果有人說某個程式不輸出「是」，我們不能自動下結論說它輸出了「不是」，這個程式可能輸出一堆垃圾甚至凍結。但是有種情況可以下一個比較有力的結論，那就是如果我們事先知道某個程式是個「是不是」程式，我們就知道這個程式絕不會凍結也絕不會製造出垃圾，它永遠會停止並且製造出「是」或「不是」的輸出。因此對於「是不是」程式而言，「不輸出『是』」的嚴謹說法才會相當於「輸出『不是』」這種比較簡單的說法。

因此，最後我們可以對AntiYesOnSelf.exe的行為做出非常簡單的描述。當輸入檔案為「是不是」程式，AntiYesOnSelf.exe會回答以下問題：「輸入程式在執行自己的時候，會不會輸出『不是』？」這個AntiYesOnSelf.exe行為的公式化表述非常重要，因此我將它特別寫在一個方框中，如圖10-8所示。

根據我們對YesOnSelf.exe的分析，製作AntiYesOnSelf.exe輸出結果的一覽表就特別容易，只要複製圖10-7，將所有輸出為「是」的改成「不是」，「不是」改成「是」就可以了，如此一來就產生了圖10-9。這次我還是建議你逐行檢視這個表格，

確認你同意每個輸出欄的答案，每當輸入的檔案是個「是不是」程式，你可以使用圖10-8的定義，而不是上述的較複雜的定義。

如圖10-9最後一行所示，當我們試圖計算 AntiYesOnSelf. exe在執行自己的時候會輸出什麼，這時遇到了一個問題。為了幫助我們進行分析，我們進一步簡化圖10-8的有關 AntiYesOnSelf.exe的描述，不考慮所有可能的「是不是」程式

圖10-9　AntiYesOnSelf.exe 的輸出結果

輸入檔案	輸出
address-list.docx	是
mymovie.mpg	是
WINWORD.EXE	是
ProgramA.exe	不是
ProgramB.exe	是
NameSize.exe	不是
SizeChecker.exe	不是
Freeze.exe	是
AlwaysYes.exe	是
AntiYesOnSelf.exe	???

不同輸入之下 AntiYesOnSelf.exe的各種輸出結果。根據定義，AntiYesOnSelf.exe的答案跟 YesOnSelf.exe剛好相反，因此這個表格除了最後一行以外，與圖10-7完全相同，只是將輸出的答案從「是」改成「不是」，「不是」改成「是」。最後一行非常困難，接下來的內文會探討。

做為輸入，而是聚焦在當 AntiYesOnSelf.exe 以自己做為輸入資料時的結果。因此在那個方框中的粗體字「輸入程式⋯」可以改寫成「AntiYesOnSelf.exe 會不會⋯」，因為輸入的程式是 AntiYesOnSelf.exe，這是我們需要的最終表述方式，因此一併呈現在圖 10-10。

現在要來看看 AntiYesOnSelf.exe 在以自己為輸入資料時，會輸出什麼結果。只有「是」和「不是」兩個可能，應該不會很難。我們依不同情況來探討：

圖 10-10

> AntiYesOnSelf.exe 在以自己為輸入資料時，會回答以下問題：
>
> **AntiYesOnSelf.exe 在執行自己的時候會輸出「不是」嗎？**

清楚說明當 AntiYesOnSelf.exe 以自己做為輸入時的行為。這是圖 10-8 的簡化版本，專門針對的是當輸入檔案為 AntiYesOnSelf.exe 的情況。

情況一（輸出為「是」）：如果輸出為「是」，圖 10-10 中粗體字問題的答案就是「不是」。但是粗體字問題的答案，根據定義就是 AntiYesOnSelf.exe 的輸出（請再讀一次方框的內容），因此輸出一定要為「不是」。也就是說，我們證明了如果輸出為「是」，輸出就是「不是」。不可能吧！事實上我們來到

矛盾狀態（請參考本章稍早的反證法，接下來將一再使用這個技巧）。因此假設輸出為「是」是不可能的。我們已經證明了當 AntiYesOnSelf.exe 執行自己的時候，輸出不可能為「是」，接著來到下一個可能性。

　　情況二（輸出為「不是」）：如果輸出為「不是」，那麼圖 10-10 中的粗體字問題的答案就是「是」，但是如同情況一，根據定義，粗體字問題的答案就是 AntiYesOnSelf.exe 的輸出因此應該為「是」。換言之我們推導出如果輸出為「不是」，則輸出為「是」的矛盾情況，因此假設輸出為「不是」是不可能的。我們已經證明了當 AntiYesOnSelf.exe 執行自己的時候輸出不可能為「不是」。

　　把兩個可能性都消除，接下來呢？這也是個矛盾現象，AntiYesOnSelf.exe 被定義為一個「是不是」程式，也就是一個永遠會終止並製造出「是」或「不是」答案的程式。但我們剛剛證明了有某個特定輸入（它自己）會讓 AntiYesOnSelf.exe 無法產生這兩個答案來！這種矛盾現象暗示著最初的假設是錯的，因此我們不可能寫出一個行為像 AntiYesOnSelf.exe 的「是不是」程式。

　　現在你明白我為什麼這麼誠實地承認我並沒有真正寫 AlwaysYes.exe、YesOnSelf.exe 和 AntiYesOnSelf.exe 的原因了吧，我只是敘述如果我寫了這些程式，它們會有什麼樣的行

為。上一段中，我們利用反證法說明 AntiYesOnSelf.exe 不可能
存在，但我們還可以進一步證明 AlwaysYes.exe 和 YesOnSelf.
exe 也不可能存在！原因如你可能已經猜到的，其中最關鍵
的又是反證法。還記得之前提過，如果 AlwaysYes.exe 存在，
就可以輕易做出一些小改變而製造出 YesOnSelf.exe 來，而如
果 YesOnSelf.exe 存在，就很容易製造出 AntiYesOnSelf.exe，
因為我們只需要把輸出結果反過來即可（把「是」改成「不
是」，反之亦然）。也就是說，如果 AlwaysYes.exe 存在，
AntiYesOnSelf.exe 也會存在，但我們已經知道 AntiYesOnSelf.
exe 不可能存在，因此 AlwaysYes.exe 也不可能存在。同樣的論
點說明 YesOnSelf.exe 也不可能存在。

　　我們最終的目標是要證明尋找當機的程式不可能存在，本
段的中間目標是舉幾個不可能存在的程式為例，關於這點我
們已經檢視過三個不可能存在的程式，而其中最有趣的要屬
AlwaysYes.exe，另外兩個就相當難懂，因為這兩個程式的焦點
在程式以自己為輸入時的行為。另一方面，AlwaysYes.exe 是
個非常厲害的程式，如果它存在的話，就可以分析其他任何程
式，告訴我們那個程式是否永遠會輸出「是」。但是我們已經
知道，沒有人有能力寫出這麼聰明且聽起來有用的程式。

尋找當機的程式不可能存在

最後要開始證明，沒有一個程式能夠成功分析其他程式而後判斷這些程式是否當機。你大概已經猜到我們會使用反證法，換言之我們將先假設有一個叫做CanCrash.exe的程式能分析其他程式，告訴我們這些程式會不會當掉，接著再對CanCrash.exe做一些神祕好玩的事情後，我們將會來到一個矛盾狀況。

圖 10-11

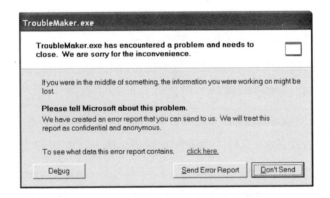

某個作業系統當機的結果。不同的作業系統處理當機的方法也不同，但是當我們看到當機的時候都會曉得。這個TroubleMaker.exe程式刻意要造成當機，說明刻意當機是容易的。

其中一個證明的步驟，要求我們將一個正常的程式加以改造，好讓它在特定狀況下當機。方法很簡單，程式當機的原因

很多，其中比較常見的是當程式試圖除以零，在數學上將任何數字除以零叫做無限大，在電腦上無限大是個使程式當機的嚴重錯誤，因此在程式中插入幾個多餘的指令好讓程式將某個數字除以零，就可以輕易造成當機了。事實上我就是用這方法製造出圖 10-11 中的 TroubleMaker.exe。

現在要開始證明尋找當機的程式不可能存在，圖 10-12 呈現推導的流程。首先假設 CanCrash.exe 存在，當它的輸入程式在任何狀況下可能當機，這時就會停止執行並輸出「是」；如果輸入的程式永遠不會當機，就輸出「不是」。

現在我們要對 CanCrash.exe 做一點怪異的改變——如果輸入的程式可能當機，結果不再輸出「是」，而是直接讓它當機！（如上所述這很簡單，只要讓程式除以零即可。）這個程式我們稱之為 CanCrashWeird.exe。因此，當輸入的程式可能當機時，CanCrashWeird.exe 會刻意當機（製造出如圖 10-11 的對話框）；如果輸入的程式永遠不會當機，就輸出「不是」。

接下來，是將 CanCrashWeird.exe 轉換成一個更難理解的怪物，叫做 CrashOnSelf.exe。這個程式就像 YesOnSelf.exe，只關心程式以自己當作輸入時的行為，也就是說，CrashOnSelf.exe 檢視接收到的輸入程式，如果這個程式在執行自己的時候會當機，CrashOnSelf.exe 就會刻意當機，否則就輸出「不是」。從 CanCrashWeird.exe 很容易製造出 CrashOnSelf.exe，其程序就類似於將 AlwaysYes.exe 轉換成 YesOnSelf.exe 一樣。

圖 10-12

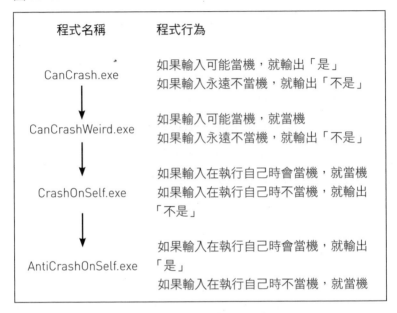

程式名稱	程式行為
CanCrash.exe	如果輸入可能當機，就輸出「是」 如果輸入永遠不當機，就輸出「不是」
CanCrashWeird.exe	如果輸入可能當機，就當機 如果輸入永遠不當機，就輸出「不是」
CrashOnSelf.exe	如果輸入在執行自己時會當機，就當機 如果輸入在執行自己時不當機，就輸出「不是」
AntiCrashOnSelf.exe	如果輸入在執行自己時會當機，就輸出「是」 如果輸入在執行自己時不當機，就當機

依序排列四個不可能存在的當機偵測程式。最後一個程式
AntiCrashOnSelf.exe 顯然不可能存在，因為它在執行自己的時候製造
出矛盾現象。但是後面的程式都是針對前一個程式稍加改變而來，因
此四個程式都不可能存在。

　　最後一步，是將 CrashOnSelf.exe 轉成 AntiCrashOnSelf.
exe。這個簡單步驟只是將程式的行為反轉，因此如果輸入
的程式在執行自己的時候會當機，則 AntiCrashOnSelf.exe 就
輸出「是」；如果輸入的程式在執行自己的時候不會當機，
AntiCrashOnSelf.exe 就刻意當機。

現在出現矛盾了。當 AntiCrashOnSelf.exe 以自己做為輸入時，結果會怎樣？根據這個程式的描述，如果它當機的話應該輸出「是」（這就是矛盾，因為如果它已經當機，就不可能以輸出「是」來成功停止執行）。而根據 AntiCrashOnSelf.exe 的描述，如果它不當機時就應該當機，而這點也是自相矛盾。我們已經證明 AntiCrashOnSelf.exe 的兩種可能輸出都不可能實現，換言之這個程式一開始就不可能存在。

最後，我們可以用圖 10-12 的轉換鏈來證明 CanCrash. exe 也不可能存在。如果它確實存在，就可以遵照圖上的箭頭將它最終轉換成 AntiCrashOnSelf.exe，但我們已經知道 AntiCrashOnSelf.exe 不可能存在，於是出現矛盾現象，因此假設 CanCrash.exe 存在必定是錯的。

暫停問題與不可判定性

我們已經證明，任何人都無法寫出一個像 CanCrash.exe 的電腦程式，能分析其他程式並找出這些程式中所有可能造成當機的缺陷。

事實上，當電腦科學理論的奠基者圖靈於 1930 年代率先證明類似的結果時，他一點都不關心程式的缺陷或當機，由於當時還沒有電腦，因此圖靈比較感興趣的是已知的電腦程式最後會不會產生答案。與此緊密關聯的問題是，某個特定電腦程式會不會停止，或者會不會永遠不停地計算而產生不

出答案來？關於電腦程式是否最終會停止，也就是所謂的停止問題（Halting Problem），圖靈最偉大的成就是證明了停止問題的變化版本，也就是今日電腦科學家所稱的不可判定性（undecidable）。一個不可判定的問題就是無法藉由撰寫電腦程式來解決的問題，因此用另一種方式來陳述圖靈的結果，就是你不可能寫一個叫做AlwaysHalts.exe的程式，在它的輸入永遠會停止時輸出「是」，反之則輸出「不是」。

　　這麼看來，停止問題非常類似於本章試圖解決的當機問題。我們證明了當機問題的不可判定性，但是你可以利用這個本質上相同的技巧，來證明停止問題也屬於不可判定，不僅如此，電腦科學中還有許多其他的問題也是不可判定的。

電腦的極限給我們的啟示

本章是除了結論以外的最後一章，我將它納入，刻意做為前面幾章的反論。稍早每一章都提出一個傑出的概念，這些概念使我們的電腦益發顯得有用，本章看到的則是電腦在根本上所受到的限制，探討電腦根本不可能解決的問題，無論它功能多強或者寫程式的人類多聰明。這些不可判定的問題當中包括了潛在有用的任務，例如分析其他電腦程式以了解是否可能當機。

　　不可判定的問題到底有什麼重要？它的存在會影響我們實際使用電腦的方式嗎？人腦的計算能力，是否能夠免於不可判

定的問題？

不可判定性與電腦的使用

首先來看不可判定性對電腦使用造成哪些實際影響。答案是「沒有」，不可判定性對日常從事運算沒有太大影響，理由有二。第一，不可判定性只在意電腦程式最後會不會產生答案，並不考慮要等多久才得到答案，但是實務上效率（你要等多久才得到答案）是極重要的，有很多可判定的任務並沒有有效率的演算法可解決，最有名的是旅行推銷員問題（Traveling Salesman Problem，簡稱 TSP），也就是假設你必須飛到很多個城市（例如二、三十個甚至一百個），你應該怎麼安排順序好讓機票的總花費達到最低？我們已經知道這個問題是可判定的，即使是新手程式設計師都寫得出電腦程式來發現周遊各城市最便宜的路徑，但重點是可能要花幾百萬年才算得出答案，這在實務上就不可行，因此光說問題是可判定的，不表示實務上能夠解決。

　　不可判定性在實務上的影響有限，第二個原因是，我們在處理不可判定問題時多半會得到一些好結果。本章的主要例子正足以說明這點，我們詳細證明沒有一個電腦程式能夠找到所有程式中的所有瑕疵，但我們還是可以試圖寫一個尋找當機的程式，希望這個程式找到大部分電腦程式中的大部分瑕疵。這在電腦科學領域中確實是個熱門研究主題，過去幾十年來軟體

可靠度的進步，有部分就是因為尋找當機程式的進展所致，因此我們往往可以針對不可判定問題做出非常有用的部分解決。

不可判定性與大腦

不可判定問題的存在，對人類的思考程序有什麼意涵？這個問題直接引導至幾個古典哲學問題的黑洞，例如意識的定義以及心智與腦的區別。然而有一件事是清楚的，如果你相信電腦原則上可以模擬人腦，那麼人腦也會受到和電腦相同的限制，換言之無論智商多高、受過多完善的訓練，人腦無法解決的問題是存在的。這個結論是遵循本章主要結果而來，如果電腦程式可以模仿大腦，而大腦能解決不可判定問題，那麼我們就可以利用電腦模擬人腦來解決不可判定問題，如此就與電腦無法解決不可判定問題的論點相矛盾了。

是否能用電腦來完美模擬人腦尚無定論，但是從科學的觀點看來，似乎沒有根本上的障礙，因為人類對於人腦中化學與電子信號傳輸方式的基礎細節已有相當徹底的了解。另一方面，各種哲學主張認為人腦經過物理變化而創造出心智，心智在質的方面與任何能被電腦模擬的實體系統不同。這些哲學主張各有不同形式，可能是基於我們在自我反省和直覺方面的能力，甚至是基於精神層面的愛好。

此處與圖靈1937年有關不可判定性的論文之間存在有趣的關聯。許多人認為圖靈這篇論文為電腦科學成為一門學科奠定

了基礎，可惜這篇論文的題目相當晦澀難解，一開始是聽起來很平常的「關於可計算的數…」，到了結束卻成了拗口的「…與對於不可判定問題的應用」（我們不打算為題目的第二部分傷腦筋！）。要知道的是，電腦在1930年代的意義相較於今日我們使用它的方式完全不同，對圖靈來說，電腦是個用紙筆做計算的人類，因此在圖靈的論文中「可計算的數」（computable numbers）就是原則上可以被人類計算的數，但是圖靈為了補強自己的主張，他描述了某個也會做計算的機器型態（對圖靈來說，機器就是我們今日所稱的電腦），這篇論文有一部分專門在證明這些機器是無法進行某些計算的，也就是關於不可判定性的證明。但是，同一篇論文的另一個部分則是做了詳細且頗具說服力的主張，認為圖靈機（也就是電腦）可以進行電腦（也就是人類）所做的所有計算。

　　你或許漸漸能體會，圖靈這篇論文為何被尊為祖師爺，這篇論文不僅界定而且解決了電腦科學最基本的幾個問題，也直擊哲學地雷區的核心，針對人類的思考過程可以被電腦模仿（別忘了當時電腦還沒發明咧！）做了極具說服力的說明。以現代的哲學術語來說，這個概念——所有電腦，大概人類也是，具備相當的運算能力——就是所謂的「丘池—圖靈論點」（Church-Turing thesis），他們（如早先提到）分別發現了不可判定問題的存在，事實上丘池比圖靈早幾個月出版研究成果，但是丘池的表述比較抽象，沒有明白提到機器的運算。

　　對於「丘池─圖靈論點」有效性的爭論並未消退，但如果它最強的版本是成立的，那麼受到不可判定性限制的就不光是電腦了，同樣的限制也及於電腦背後的人類，也就是我們的心智。

第 11 章

結論：
未來會如何呢？

我們只看得到前面不遠的地方，但我們看得到在那裏有許
多需要去做的事。

——圖靈，《計算機器與智能》
（*Computing Machinery and Intelligence*, 1950）

　　1991年，我有幸參加一場公開演講，主講人是偉大的理論物理學家霍金（Stephen Hawking），現場以斗大的字寫著題目「宇宙的未來」，霍金信心滿滿地預測宇宙在至少未來的一百億年將繼續擴張，接著苦笑說：「我不期待到時我還在這裏，被人們證明我是錯的。」不幸的是，對我來說，預測電腦科學的未來，跟宇宙論者動輒一百億年是不同的，我所做的任何預測在我有生之年都很可能被證明是錯的。

　　但我不該因此就不再思考電腦科學偉大觀念的未來，我們探索的偉大演算法將永遠偉大嗎？有些會不會遭到淘汰？會出現新的偉大演算法嗎？為了探究這些問題，我們的思考方式要比較像歷史學家而非宇宙學家，於是我想到幾年前觀賞頗受爭議的牛津知名歷史學家泰勒（A.J.P.Taylor）的演講轉播，在系列演講的結尾，泰勒直接提及會不會發生第三次世界大戰的問題。他認為答案是「會」，因為人類「一再重蹈覆轍」。

　　那麼，我們就跟隨泰勒的帶領，順著歷史的洪流吧。本書敘述的偉大演算法來自整個二十世紀間的無心插柳與發明，我們似乎可以合理地假設21世紀的步調將與此類似，每二、三十年就會有一套重量級的演算法崛起，這些演算法當中有些可能具有驚人的原創性，是科學家夢寐以求的嶄新技術，像是公鑰加密和相關的數位簽章演算法就是。還有些演算法已經存在於研究社群一段時間，只等著新技術加一把勁賦予它們更寬廣的應用範圍，索引編制和排序的搜尋演算法就屬此類，這類演算

法在資訊檢索（information retrieval）領域已存在多年，但直到網路搜尋蔚為風潮，才在廣大電腦用戶的日常使用方面成為「偉大」。當然演算法也會為了新的應用而演進，像是「網頁排序」就是。

新技術的興起未必帶來新的演算法，就拿1980、90年代筆記型電腦的驚人成長來說，筆電在取得方便性與可攜帶性的長足進步，徹底改變了人們使用電腦的方式，也促進螢幕技術與電力管理技術的重大進展，但我認為並沒有了不起的演算法從筆電革命中出現，反倒是網際網路的崛起，新的技術帶來了偉大的演算法，網路提供搜尋引擎賴以存在的基礎建設，讓索引和排序的演算法朝向偉大的方向演進。

因此，技術勢必會持續加速成長，但這本身並不足以保證會出現偉大的演算法。事實上，有一股強大的歷史力量正在朝相反方向進行，意味著未來演算法的創新將放慢步調。我所指的是，電腦科學做為一門科學正在漸漸成熟，1930年代開始的電腦科學相較於物理學、數學和化學等領域算是相當年輕，因此20世紀發現的偉大演算法就如同低垂的果實一樣唾手可得，未來要找到聰明具廣大應用範圍的演算法將愈來愈困難。

因此有兩股效應在彼此拉扯，新技術提供的新利基偶爾會為新的演算法提供大展身手的舞台，然而領域的漸趨成熟卻使得機會愈來愈窄。持平而論，我傾向認為這兩股效應將互相抵銷，未來偉大的演算法將以緩慢穩健的步調出現。

頗具潛力的演算法

當然，有些新的演算法還難以預料，在此我們無法多談。但是目前有些極具潛力的利基和技術，其中一個明顯的趨勢，就是日常生活中愈來愈常使用人工智慧（特別是模式辨識），因此探究這個領域有沒有新穎的精采演算法出現，將會是件很有趣的事。

另一個成果豐碩的領域，是被稱為零知識協定（Zero-knowledge protocol）的演算法。這些協定使用特殊的加密方式，能做到比數位簽章更令人驚訝的事，它能夠讓兩個以上的個體將資訊加以組合而不透露任何一方的任何資訊。其中一個潛在的應用是網路拍賣，投標者使用零知識協定就能將自己投下的標單加密，雖然最後拍賣結果會公布，但是任何人都不會知道其他標單的任何資訊！零知識協定是個聰明的發想，只要實務上可行，將可進入偉大演算法的清單中，但至今還沒有被廣泛使用。

另一個被學術界大量研究但實用性有限的概念是分散式雜湊表（distributed hash table），這種表是在同儕系統（peer to peer system，沒有中央伺服器導引資訊流動的系統）中儲存資訊的巧妙方式。然而在我撰寫此書時，許多號稱的同儕系統其實在某些功能上是使用中央伺服器，因而還用不到分散式雜湊表。

　　拜占庭容錯（Byzantine fault tolerance）技術也是令人驚豔的演算法，但因為乏人採用還無法被歸為偉大。拜占庭容錯讓某些電腦系統可容忍任何型態的錯誤（只要沒有太多同時發生的錯誤）。與此對比則是一般的容錯概念，也就是系統禁得起比較良性的錯誤，如硬碟機的永久故障或作業系統當機。

偉大的演算法可能失去光彩嗎？

　　除了推測未來可能出現哪些偉大的演算法，我們或許會問，目前偉大的演算法，這些你我不假思索一直在使用、不可或缺的工具，未來是否將不再重要？關於這點也可以以史為師，如果只專注在特定幾個演算法上，那些演算法當然可能不再如此意義重大，最明顯的例子就是加密，研究人員不斷發明出新的加密演算法，其他研究人員則是發現各種方法來突破這些演算法的防線，就拿所謂加密雜湊函數（hash function）來說，我們所知的MD5雜湊函數是官方的網際網路標準，從1990年代初就被廣泛使用，然而從那時起人們就發現MD5當中有重大的安全瑕疵而不再推薦。第九章探討的RSA數位簽章也類似，一旦建構得出合理大小的量子電腦，要破解RSA數位簽章將不是難事。

　　不過，我認為這些例子只回答問題的一小部分，MD5被破解（順帶一提，它的主要接班人SHA-1也是）不表示加密

雜湊函數的核心概念將不再重要，類似的雜湊函數被極度廣泛
運用，沒有被破解的所在多有，若是對現況採取比較宏觀的角
度，做好準備來修改某個演算法的細節同時保留主要概念，目
前許多偉大的演算法在未來似乎也不會喪失重要性。

我們學到了什麼？

本書所提到的偉大演算法之間是否存在共同的主題？其中一個
主題對身為作者的我來說蠻意外的，就是所有偉大的觀念不需
要會寫程式等等電腦科學的知識就能夠解釋。我在提筆撰寫本
書時，認為偉大的演算法不出兩類，其中一類的核心具備簡單
巧妙的技法，而這些技法無須任何技術知識就能夠理解，第二
類演算法高度依賴先進的電腦科學概念，不具備這個領域的知
識就無法理解。我本來打算透過幾個有趣的歷史趣聞將第二類
演算法納入，解釋它們的重要應用，讓大家知道即使我無法解
釋其運作方式，但它確實是很精巧的演算法。你可以想像，當
我發現所有選定的演算法都屬於第一類時我是多麼驚喜，許多
重要的技術細節當然都被省略了，但是讓這些演算法發揮功用
的關鍵機制，卻都可以用非專家的概念解釋。

　　另一個共同主題，就是電腦科學的領域不僅僅是寫程式而
已。我在教授電腦科學概論時，學生都會告訴我他們心目中的
電腦科學是什麼，至今最常聽到的回答是「寫程式」或者相當

於「軟體工程」之類。當我要求學生提出更多電腦科學的觀點時，許多人便支吾了起來，接著他們說的多半跟硬體有關，像是「硬體設計」等，這點反映出人們對於電腦科學家在做什麼事的強烈誤解。我希望你讀過本書後，對電腦科學家花時間思索的事情以及想出來的解決方案，能夠有些具體的概念。

做個簡單的類比可以幫助理解。假設你遇到一位教授，他的主要研究範疇為日本文學，這位教授很可能會說、讀、寫日文。但是如果你被要求猜一猜這位教授在進行什麼研究、多半在思考什麼時，你不會猜「日文」，因為日文是研究日本文學的主題、文化和歷史必須具備的知識，而會說流利日語的人或許對日本文學一無所知（在日本可能有幾百萬像這樣的人）。

電腦程式語言和電腦科學的主要概念之間也是這樣的關係，為了建置演算法並對演算法進行實驗，電腦科學的研究人員需要將演算法轉換成電腦程式，每個程式用一種程式語言來寫，如Java、C++或Python。因此，電腦科學家必須了解電腦語言，但這只是先決條件，發明、改寫以及了解演算法才是重頭戲，在看過書中的偉大演算法之後，我希望讀者對於兩者的區別有更堅定的領悟。

旅程的結束

我們來到了運算之旅的尾聲，我們達到目標了嗎？你和電算裝

置的互動會與過去有任何不同嗎？

　　下次當你去到安全的網站時，會想知道是誰在為它的可靠性打包票，也會想查清楚你的網路瀏覽器檢視的數位認證鏈（第9章），或者當網路交易因為某個不明理由失敗，而你知道資料庫的一致性可以確保你不會被要求支付你沒有成功訂貨的價金，因而感到放心而不是挫折（第8章）。或者你突發奇想：「要是我的電腦能幫我做這件事就太好了」，結果卻發現不可能，因為你希望電腦幫你做的事，可以用與尋找當機程式相同的方法證實為不可判定。（第10章）

　　還有更多例子，說明當你了解偉大的演算法之後可能改變你與電腦互動的方式，然而就如前言說的，這不是本書的宗旨，我的主要目標是給讀者足夠知識來了解偉大的演算法，因而在平常執行的一些運算任務中產生奇妙的感受，就像業餘天文學家對於夜空有更深的領悟一樣。

　　唯有身為讀者的你，知道我是否成功達成了這個目標。但是有件事是可以確定的，那就是你個人的才能就掌握在你手上，請盡情使用它。

資料來源與延伸閱讀

正如第一章中所述,本書並沒有在內文中標註引文出處。以下列出所有的資料出處與建議的延伸閱讀,供有興趣進一步探究的讀者參考。

引言(第1章)

關於演算法和其他電腦技術的詮釋,可以參考畢夏普(Chris Bishop)2008年在皇家科學院聖誕講座的演講,網路上就找得到這些深具啟發的演講實況;這些演講不須具備電腦科學知識也可以了解。A.K. Dewdney所著的 *The New Turing Omnibus* 一書,所涵蓋的主題比本書更廣泛,介紹更多有趣的電腦科學概念,但讀者最好具備一些程式設計的知識。Juraj Hromkovic 所著的 *Algorithmic Adventures* 一書,對於稍懂一點數學但不具電腦科學背景的讀者來說,會是個很棒的選擇。至於大學程度的演算法教材,特別具有可讀性的有三本書:Dasgupta, Papadimitriou, Vazirani 合著的 *Algorithms*;Harel, Feldman 合著的 *Algorithmics: The Spirit of Computing*;以及 Cormen, Leiserson, Rivest, Stein 合著的 *Introduction to Algorithms*。

搜尋引擎的索引（第2章）

AltaVista所擁有的元詞技法（metaword trick）專利，是美國專利6105019，"Constrained Searching of an Index" by Mike Burrows（2000）。對具備電腦科學背景的讀者來說，Croft, Metzler, Strohman合著的*Search Engines: Information Retrieval in Practice*進一步討論了搜尋引擎的索引標註以及相關問題。

網頁排序（第3章）

本章一開始引述佩吉的發言，出自2004年5月3日《商業週刊》（*Businessweek*）由艾爾金（Ben Elgin）撰文的訪談。布希（Vannevar Bush）的文章〈如我們所想〉（As We May Think），最初發表於1945年7月的《大西洋月刊》（*Atlantic Monthly*）。畢夏普的演講（見第1章）將超連結比擬成水管系統，對網頁排序做了精闢的說明。谷歌架構的原始論文〈大規模超文本網頁搜尋引擎之剖析〉（The Anatomy of a Large-Scale Hypertextual Web Search Engine），為共同創辦人佩吉與布林合著，發表於1998年的全球資訊網大會。這篇論文對於網頁排序做了精簡的描述與分析。至於更技術性且廣泛的分析，可參考Langville, Meyer合著的*Google's PageRank and Beyond*，但讀者最好具備大學程度的線性代數知識。John Battelle所著的《搜尋未來》（*The Search*）一書，開頭時即提到網路搜尋產業的有趣歷史，包括谷歌的崛起。Fetterly, Manasse, Najork合著的〈垃圾，討

厭的垃圾和統計學：利用統計分析來找出垃圾網頁〉（Spam, Damn Spam, and Statistics: Using Statistical Analysis to Locate Spam Web Pages）探討了網路垃圾，該篇文章發表於2004年WebDB會議。

公鑰加密（第4章）

Simon Singh所著的《碼書》（*The Code Book*）針對加密（包括公鑰在內）做了精闢易懂的說明，該書也細述英國GCHQ祕密發現公鑰加密的詳細經過。畢夏普的演講（見以上）中以混漆為比喻，對公鑰加密也做了巧妙實用的說明。

錯誤更正碼（第5章）

漢明的軼聞是出自湯普森（Thomas M. Thompson）所著《從糾錯碼到球狀包裝到簡單群組》（*From Error-Correcting Codes through Sphere Packings to Simple Groups*），本章開頭漢明的引文也出自此書，是採自1977年時湯普森對漢明的訪談。數學家們會相當喜歡湯普森的這本書，但這書是假設讀者具備大學的數學程度。A.K. Dewdney所著的 *The New Turing Omnibus* 書中有兩個有趣的章節提到編碼理論（coding theory）。本章末尾關於夏農的引文，是取自N.J.A. Sloane和A.D. Wyner所寫的簡短傳記，出於《夏農論文集》（*Claude Shannon: Collected Papers*），N.J.A. Sloane和A.D. Wyner編輯（1993）。

模式辨識（第6章）

畢夏普的演講（見以上）當中有些有趣的素材，可以做為本章的補充。政治捐獻的地理資料取自《赫芬頓郵報》（*The Huffington Post*）的募款計畫。所有手寫的數字取自紐約大學柯蘭學院（Courant Institute）的 Yann LeCun 及其共同研究者的資料，這套資料即所知的 MNIST 資料，在 LeCun 等人 1998 年發表的論文〈應用在文件辨識上的梯度學習〉（Gradient-Based Learning Applied to Document Recognition）中曾討論到（編按：Yann LeCun 於 2013 年底被聘為 Facebook 人工智慧實驗室總監）。網路垃圾的結果是來自 Ntoulas 等人的〈透過內容分析偵測垃圾網頁〉（Detecting Spam Web Pages through Content Analysis），出版於 2006 年的「全球資訊網大會之前導」（Proceedings of the World Wide Web Conference）。人臉的資料庫則是 1990 年代由優秀的模式辨識研究者，卡內基美隆大學的米契（Tom Mitchell）所創造，米契在課堂上一直使用這套資料庫，並在其重量級著作《機器學習》（*Machine Learning*）中也有描述；在為這本書成立的網站中，米契提供了一支電腦程式可對人臉資料庫進行訓練和分類，所有太陽眼鏡問題的結果都是針對這個程式略加修改而產生。克李維爾（Daniel Crevier）在他的書《人工智慧：尋找人工智慧之騷動史》（*AI: The Tumultuous History of the Search for Artificial Intelligence*）當中對於達特茅斯人工智慧大會做了有趣的說明。本章最後一節對於該大會募

款提案的引文，是摘自麥克道克（Pamela McCorduck）1979年的書《思考的機器》（*Machines Who Think*）。

資料壓縮（第7章）

關於法諾、夏農，以及發明霍夫曼編碼的故事，取自諾柏格（Arthur Norberg）於1989年對法諾的訪談，該訪談內容保存在查爾斯巴比吉研究院（Charles Babbage Institute）的口述歷史檔案中。我最偏好的資料壓縮處理方式，在馬凱（David MacKay）所著的《資訊理論、推論和學習演算法》（*Information Theory, Inference and Learning Algorithms*）書中，但這本書需要大學程度的數學。A.K. Dewdney的書（見以上）對這個主題有更簡潔且平易近人的討論。

資料庫（第8章）

市面上不乏為初學者所寫的資料庫概論，但通常是解釋如何使用資料庫，而不是解釋資料庫的運作方式，而後者正是本章的主旨。就連大學程度的教科書都往往聚焦在資料庫的使用上，例外的是Garcia-Molina, Ullman, Widom合著的《資料庫系統》（*Database Systems*）一書的後半部分，對於本章所談到的主題有許多細節說明。

數位簽章（第9章）

葛蘭特（Gail Grant）所著的《了解數位簽章》（*Understanding Digital Signature*）提供了有關數位簽章的大量資訊，不具備電腦科學背景的讀者也能了解內容。

可計算性（第10章）

本章一開始的引述是來自費曼（Richard Feynman）於1959年12月29日在加州理工學院（Caltech）的演講，講題是〈底下有很多空間〉（There's Plenty of Room at the Bottom），全文刊登於加州理工學院的1960年2月號的《工程學與科學》（*Engineering and Science*）期刊。帕帕迪米崔（Christos Papadimitriou）所著的《圖靈：關於計算的一本小說》（*Turing: A Novel about Computation*），以非傳統但極為有趣的方式呈現可計算性與不可判定性的相關概念。

結論（第11章）

霍金（Stephen Hawking）的演說「宇宙的未來」（The Future of the Universe）是他1991年於劍橋大學的達爾文講座，也重刊於霍金的著作《黑洞與小宇宙》（*Black Holes and Baby Universes*）。電視播放的泰勒（A.J.P. Taylor）系列演講，題名為《戰爭如何發生》（*How Wars Begin*）並於1977年出版成書。

經濟新潮社　〈經營管理系列〉

書　號	書　　　名	作　　者	定價
QB1107	當責，從停止抱怨開始：克服被害者心態，才能交出成果、達成目標！	羅傑·康納斯、湯瑪斯·史密斯、克雷格·希克曼	380
QB1108X	增強你的意志力：教你實現目標、抗拒誘惑的成功心理學	羅伊·鮑梅斯特、約翰·堤爾尼	380
QB1109	Big Data大數據的獲利模式：圖解·案例·策略·實戰	城田真琴	360
QB1110X	華頓商學院教你看懂財報，做出正確決策	理查·蘭柏特	360
QB1111C	V型復甦的經營：只用二年，徹底改造一家公司！	三枝匡	500
QB1112	如何衡量萬事萬物：大數據時代，做好量化決策、分析的有效方法	道格拉斯·哈伯德	480
QB1114X	永不放棄：我如何打造麥當勞王國（經典紀念版）	雷·克洛克、羅伯特·安德森	380
QB1117X	改變世界的九大演算法：讓今日電腦無所不能的最強概念（暢銷經典版）	約翰·麥考米克	380
QB1120X	Peopleware：腦力密集產業的人才管理之道（經典紀念版）	湯姆·狄馬克、提摩西·李斯特	460
QB1121	創意，從無到有（中英對照×創意插圖）	楊傑美	280
QB1123	從自己做起，我就是力量：善用「當責」新哲學，重新定義你的生活態度	羅傑·康納斯、湯姆·史密斯	280
QB1124	人工智慧的未來：揭露人類思維的奧祕	雷·庫茲威爾	500
QB1125	超高齡社會的消費行為學：掌握中高齡族群心理，洞察銀髮市場新趨勢	村田裕之	360
QB1126	【戴明管理經典】轉危為安：管理十四要點的實踐	愛德華·戴明	680
QB1127	【戴明管理經典】新經濟學：產、官、學一體適用，回歸人性的經營哲學	愛德華·戴明	450
QB1129	系統思考：克服盲點、面對複雜性、見樹又見林的整體思考	唐內拉·梅多斯	450
QB1132	本田宗一郎自傳：奔馳的夢想，我的夢想	本田宗一郎	350
QB1133	BCG頂尖人才培育術：外商顧問公司讓人才發揮潛力、持續成長的祕密	木村亮示、木山聰	360
QB1134	馬自達Mazda技術魂：駕馭的感動，奔馳的祕密	宮本喜一	380
QB1135	僕人的領導思維：建立關係、堅持理念、與人性關懷的藝術	麥克斯·帝普雷	300

書 號	書 名	作 者	定價
QB1136	建立當責文化：從思考、行動到成果，激發員工主動改變的領導流程	羅傑·康納斯、湯姆·史密斯	380
QB1137	黑天鵝經營學：顛覆常識，破解商業世界的異常成功個案	井上達彥	420
QB1138	超好賣的文案銷售術：洞悉消費心理，業務行銷、社群小編、網路寫手必備的銷售寫作指南	安迪·麥斯蘭	320
QB1139	我懂了！專案管理（2017年新增訂版）	約瑟夫·希格尼	380
QB1140	策略選擇：掌握解決問題的過程，面對複雜多變的挑戰	馬丁·瑞夫斯、納特·漢拿斯、詹美賈亞·辛哈	480
QB1141X	說話的本質：好好傾聽、用心說話，話術只是技巧，內涵才能打動人	堀紘一	340
QB1143	比賽，從心開始：如何建立自信、發揮潛力，學習任何技能的經典方法	提摩西·高威	330
QB1144	智慧工廠：迎戰資訊科技變革，工廠管理的轉型策略	清威人	420
QB1145	你的大腦決定你是誰：從腦科學、行為經濟學、心理學，了解影響與說服他人的關鍵因素	塔莉·沙羅特	380
QB1146	如何成為有錢人：富裕人生的心靈智慧	和田裕美	320
QB1147	用數字做決策的思考術：從選擇伴侶到解讀財報，會跑Excel，也要學會用數據分析做更好的決定	GLOBIS商學院著、鈴木健一執筆	450
QB1148	向上管理·向下管理：埋頭苦幹沒人理，出人頭地有策略，承上啟下、左右逢源的職場聖典	蘿貝塔·勤斯基·瑪圖森	380
QB1149	企業改造（修訂版）：組織轉型的管理解謎，改革現場的教戰手冊	三枝匡	550
QB1150	自律就是自由：輕鬆取巧純屬謊言，唯有紀律才是王道	喬可·威林克	380
QB1151	高績效教練：有效帶人、激發潛力的教練原理與實務（25週年紀念增訂版）	約翰·惠特默爵士	480
QB1152	科技選擇：如何善用新科技提升人類，而不是淘汰人類？	費維克·華德瓦、亞歷克斯·沙基佛	380
QB1153	自駕車革命：改變人類生活、顛覆社會樣貌的科技創新	霍德·利普森、梅爾芭·柯曼	480
QB1154	U型理論精要：從「我」到「我們」的系統思考，個人修練、組織轉型的學習之旅	奧圖·夏默	450

書　號	書　　　名	作　　者	定價
QB1155	議題思考：用單純的心面對複雜問題，交出有價值的成果，看穿表象、找到本質的知識生產術	安宅和人	360
QB1156	豐田物語：最強的經營，就是培育出「自己思考、自己行動」的人才	野地秩嘉	480
QB1157	他人的力量：如何尋求受益一生的人際關係	亨利・克勞德	360
QB1158	2062：人工智慧創造的世界	托比・沃爾許	400
QB1159	機率思考的策略論：從消費者的偏好，邁向精準行銷，找出「高勝率」的策略	森岡毅、今西聖貴	550
QB1160	領導者的光與影：學習自我覺察、誠實面對心魔，你能成為更好的領導者	洛麗・達絲卡	380
QB1161	右腦思考：善用直覺、觀察、感受，超越邏輯的高效工作法	內田和成	360
QB1162	圖解智慧工廠：IoT、AI、RPA如何改變製造業	松林光男審閱、川上正伸、新堀克美、竹內芳久編著	420
QB1163	企業的惡與善：從經濟學的角度，思考企業和資本主義的存在意義	泰勒・柯文	400
QB1164	創意思考的日常練習：活用右腦直覺，重視感受與觀察，成為生活上的新工作力！	內田和成	360
QB1165	高説服力的文案寫作心法：為什麼你的文案沒有效？教你潛入顧客內心世界，寫出真正能銷售的必勝文案！	安迪・麥斯蘭	450
QB1166	精實服務：將精實原則延伸到消費端，全面消除浪費，創造獲利（經典紀念版）	詹姆斯・沃馬克、丹尼爾・瓊斯	450
QB1167	助人改變：持續成長、築夢踏實的同理心教練法	理查・博雅吉斯、梅爾文・史密斯、艾倫・凡伍思坦	380
QB1168	刪到只剩二十字：用一個強而有力的訊息打動對方，寫文案和說話都用得到的高概念溝通術	利普舒茲信元夏代	360
QB1169	完全圖解物聯網：實戰・案例・獲利模式　從技術到商機、從感測器到系統建構的數位轉型指南	八子知礼編著；杉山恒司等合著	450
QB1170	統計的藝術：如何從數據中了解事實，掌握世界	大衛・史匹格哈特	580
QB1171	解決問題：克服困境、突破關卡的思考法和工作術	高田貴久、岩澤智之	450

國家圖書館出版品預行編目資料

改變世界的九大演算法：讓今日電腦無所不能的
最強概念／約翰‧麥考米克（John MacCormick）
著；陳正芬譯. ‑‑ 二版. ‑‑ 臺北市：經濟新潮
社出版：英屬蓋曼群島商家庭傳媒股份有限公
司城邦分公司發行, 2021.10
　面；　公分. ‑‑（經營管理；117）
譯自：Nine algorithms that changed the future: the
ingenious ideas that drive today's computers
ISBN 978-626-95077-0-2（平裝）

1.電腦　2.人工智慧　3.演算法

312　　　　　　　　　　　　　　　　110016085